Spring Cloud
实战

胡书敏 著

清华大学出版社
北京

内 容 简 介

本书以 Spring Cloud 微服务架构为主线,依次通过案例讲述 Spring Cloud 的常用组件。看完本书后,大家会比较熟悉基于 Spring Cloud 微服务架构的开发技术。

本书分为 11 章,内容包括 Spring Boot 微服务入门、Spring Data 连接数据库、Eureka 服务治理框架、Ribbon 负载均衡组件、HyStrix 服务容错组件、Feign 服务调用框架、Zuul 网关组件、用 Spring Cloud Config 搭建配置中心、消息机制与消息驱动框架、微服务健康检查与服务跟踪,最后给出一个 SpringBoot 开发 Web 的实战案例。

如果你想了解 Spring Cloud 微服务架构,并想以此进阶到架构师,那么本书是不错的选择。而且本书还附带相关代码和视频,视频里包含了所有案例的配置和运行方式,建议大家在观看视频、运行代码的基础上阅读本书的文字,这样能更高效地掌握 Spring Cloud 微服务开发技巧。

图书在版编目(CIP)数据

Spring Cloud 实战 / 胡书敏著.—北京:清华大学出版社,2019
ISBN 978-7-302-52722-0

Ⅰ.①S… Ⅱ.①胡… Ⅲ.①互联网络—网络服务器 Ⅳ.①TP368.5

中国版本图书馆 CIP 数据核字(2019)第 063179 号

责任编辑:夏毓彦
封面设计:王 翔
责任校对:闫秀华
责任印制:丛怀宇

出版发行:清华大学出版社
   网 址:http://www.tup.com.cn,http://www.wqbook.com
   地 址:北京清华大学学研大厦 A 座   邮 编:100084
   社 总 机:010-62770175   邮 购:010-62786544
   投稿与读者服务:010-62776969,c-service@tup.tsinghua.edu.cn
   质 量 反 馈:010-62772015,zhiliang@tup.tsinghua.edu.cn

印 装 者:三河市君旺印务有限公司
经 销:全国新华书店
开 本:190mm×260mm   印 张:14.5   字 数:371 千字
版 次:2019 年 7 月第 1 版   印 次:2019 年 7 月第 1 次印刷
定 价:59.00 元

产品编号:082584-01

前　言

千军易得，一将难求。在软件开发行业，与高级程序员相比，架构师能拿到更高的工资，为什么呢？因为架构师更需要解决"负载均衡""服务治理"与"限流降低"等软件架构领域的问题。如果架构方面的问题没处理好，那么模块间的耦合度可能会非常高，从而使项目在经过几个迭代版本后很难维护。这还算小事，如果系统架构失当，部署到生产环境后，就非常有可能无法适应高并发量的访问需求。

相比于高级程序员，升级到架构师的难度会比较大，这是因为虽然很多人知道架构师该掌握的技能，但却不知道该通过哪些手段来提升实践技能。比如很多人知道负载均衡的概念和相关算法，但掌握架构级别使用负载均衡组件的人并不多，而掌握负载均衡组件与其他架构组件（比如网关组件）相整合从而发挥更大效用的人就更少了。

我们知道，在 Spring Cloud 的诸多组件里，包含着能实现各种架构需求的组件，比如通过 Eureka 组件能实现服务治理，通过 Hystrix 能实现容错保护，通过 Spring Cloud Stream 能整合消息中间件，所以从 Spring Cloud 入手了解架构方面的技能是一个比较有操作性的选择。

本书可以看成为 Spring Cloud 微服务组件架构案例实战指南，站在架构设计的角度，从"服务治理""负载均衡""容错保护""网关"和"消息通信"等角度向大家逐一介绍 Spring Cloud 中的常用组件。

在本书每个介绍"架构级"组件的章节中，大家不会看到大段引经据典的文字，而是能看到有实践意义的案例。而且，每个案例均配有视频讲解，人家能很快在自己的机器上调试通过（免去了很多自己试错的时间），通过运行这些案例，读者能快速地掌握架构级别相关组件的作用和一般用法。

我们知道，在系统架构体系中，往往会把多个组件整合到一起配套使用，所以本书给出的案例更注重各类"整合"，比如网关（Zuul）与负载均衡组件（Ribbon）整合，或服务治理（Eureka）和日志组件（Sleuth）整合，当然在整合的时候不能乱点鸳鸯谱，而是要契合企业的实际需求和常规用法。而且，在讲述架构级 Spring Cloud 组件的时候，我们不仅仅停留在案例代码级别，大家更能从文字性说明的字里行间感受到架构师思考问题的方式以及组件层面解决实际问题的架构方案。

不少人想学 Spring Cloud 微服务架构技术，由于牵涉到"架构"，因此不怎么好学。在本书中，针对 Spring Cloud 里的每个常用组件，都将给出基于案例的讲解，所以通过本书学习 Spring Cloud，大家不会觉得特别难。

读者在读完每个章节后，不仅可以了解相关常用组件的用法，还可以掌握包含在具体组件背后的架构思想（比如负载均衡或高可用），与之相对应，在读完本书后，读者不仅能感受到相关微服务组件整合后给项目带来的好处，还能自己动手实践基于多个组件的微服务架构。总之一句话：本书能从 Spring Cloud 微服务架构体系入手，帮助读者高效地升级到架构师。

除了在掌握 Spring Cloud 技术方面会对大家有所帮助，在升级到架构师的道路上，本书也是一个比较好的助手。一方面，本书作者有实际的架构师经验（尤其在 Spring Cloud 方面），知道 Spring Cloud 里哪些知识该学，哪些可以一笔带过；另一方面，本书作者也是资深培训老师和资深计算机图书的作家，知道如何把 Spring Cloud（乃至架构）方面的知识清晰地传授给读者或学员的方法。

大家在阅读每个章节的时候，会看到"精悍而易懂"的案例，在案例的上下文中，更能感受到作者在用心与大家交流。正因如此，读者能高效地读完并理解每个章节的内容，与之对应的是，在读完本书后，能掌握 Spring Cloud 乃至架构层面的开发技能，再进一步，甚至能承担部分"初级架构师"的工作。

本书内容

第 1 章介绍以 Maven 方式开发 Spring Boot 项目的一般方式，以及 Spring Cloud 全家桶里各个常用组件的作用。

第 2 章讲解 Spring Boot 通过 Spring Data 里的 JPA 组件与 MySQL 数据库交互的方式，其中不仅包括查询获取数据的一般方法，还包括通过 JPA 实现一对一、一对多和多对多关联的方法。

第 3~5 章分别讲述 Spring Cloud 的服务治理组件 Eureka、负载均衡组件 Ribbon 以及服务容错处理组件 Hystrix。在实际项目中，这 3 个组件一般会配套使用。在本书中，大家能看到整合使用这 3 个组件的技巧。

第 6 章讲述客户端调用组件 Feign，这个组件能封装客户端的调用细节，从而能进一步解耦合服务调用和业务逻辑。

第 7 章讲述 Zuul 网关，包括该组件配置路由的做法及其过滤器的使用技巧。

第 8~10 章分别讲述 Spring Cloud Config 配置管理组件、Spring Cloud Bus 和 Spring Cloud Stream 消息管理组件和基于 Sleuth 的微服务跟踪组件，通过它们，我们能进一步完善微服务系统的架构。

在最后一章里，我们给出基于 Spring Cloud 的若干案例，其中包括在 Spring Boot 里开发 Web 程序的方式、在 Spring Boot 里实现身份验证和权限管理的技巧，并在本章最后整合诸多组件，给出一个相对完整的案例。

本书下载资源：**https://www.cnblogs.com/JavaArchitect/p/10721237.html**。也可以扫描下面的二维码下载。

最后，感谢大家耐心读完"前言"，如果大家再进一步用心看完本书的所有内容，相信收获会超出你的想象。本人邮箱地址为 hsm_computer@163.com，博客园的技术博客地址为 https://www.cnblogs.com/JavaArchitect/，如果对本书有一些建议，或大家在学习中遇到问题，欢迎一起讨论。

编者
2019 年 3 月

目 录

第1章

通过 Spring Boot 入门微服务

通过微服务，架构师能有效地降低企业级应用里各模块的耦合度，从而能给企业带来切实的实惠。基于这一点（当前还有其他好处），在架构级别，微服务得到了广泛的重视。对于开发者来说，一旦具备微服务方面的开发和设计的能力，不仅能让自己有更多的工作机会，更能让自己在架构方面更加资深，从而让自己更有价值。

由于涉及架构，因此在开发微服务架构时，大家不仅要"写代码"，还要会设置一些配置"分布式服务组件"的配置信息。听上去并不容易，不过本章将会通过简单易懂的文字让大家无障碍地通过 Spring Boot 入门"微服务"，并以此为起点，向大家展示企业级开发中"微服务架构"的常用组件。

1.1 Spring Boot、Spring Cloud 与微服务架构

和传统的 Spring MVC 框架相比，通过使用基于 Spring Boot 的开发模式，我们可以简化搭建框架时配置文件的数量，从而提升系统的可维护性。而且在 Spring Boot 框架里，我们还能更方便地引入 Spring Cloud 的诸如安全和负载均衡方面的组件。可以这样说，Spring Boot 架构是微服务的基础，在这个架构里，我们可以引入 Spring Cloud 的诸多组件，从而搭建基于微服务的系统。

搞明白这 3 个相关概念的关系后，我们能知道在微服务方面"该学什么"以及"该怎么学"，否则大家可能无法把微服务的知识点有效地整合成知识体系。

1.1.1 通过和传统架构的对比了解微服务的优势

从图 1.1 中，我们能看到一个传统的在线购物网站的基本架构。

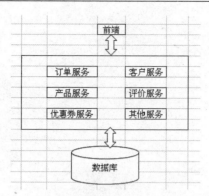

图 1.1 传统在线购物网站的基本架构

　　用户在前端页面上的操作，会被转化成一个个发向后端各模块的请求，当对应的模块处理请求时会和数据库交互。比如用户在前端页面输入关键字搜索商品，这个请求会被定位到"产品服务"模块里，该模块会和数据库交互，找到合适的商品结果后返回。

　　在实际项目里，为了应付高并发的访问请求（大家可以想象一下双十一的场景），往往会做分布式部署，如图 1.2 所示。在这种框架里，从前端页面里发到后端的大量请求会被负载均衡服务器（比如 Nginx 或 Ribbon）分发到不同的服务器处理，而在每个服务器里，都会有一套如图 1.1 所示的服务模块。如果再有必要，还可以把数据库做成集群，用多台数据库服务器分担高并发的压力。

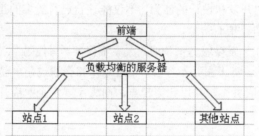

图 1.2 基于分布式的在线购物网站的架构

　　从实际效果上来看，如果采用图 1.2 的分布式架构，用多台业务处理服务器和数据库服务器，确实能满足高并发的需求。不过根据实践经验，上述架构一般会存在如下问题。

- 第一，各功能模块之间的调用关系会比较复杂，用专业的话来说就是耦合度比较高，一个模块的修改往往会影响到其他多个模块，也就是说代码比较难维护。
- 第二，由于在具体的每台机器上是集中式部署，因此稳定性不强，往往一个问题会导致整个系统崩溃。即使采用基于分布式的主从冗余等措施，这个问题也无法得到根本解决。
- 第三，可扩展性不强。假设当前的并发量是每秒 100 次请求，目前用 2 台服务器即可，当业务量上升后，每秒的并发量上升到 1000 次后，就需要再扩展服务器了，这时很不便利。

　　和上述架构相比，微服务（Microservice）的体系结构如图 1.3 所示。

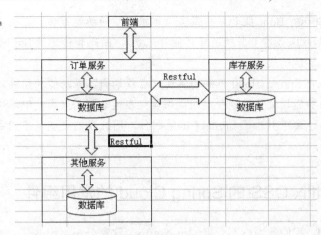

图 1.3　微服务架构

从图 1.3 我们能看到，微服务模块之间一般会通过 Restful 格式的请求通信，换句话说，模块间的耦合度比较低，这样就很便于在任何模块里变更业务需求。

而且，每个模块都具有自己的数据库，也就是说，每个模块都能独立运行，整个系统的扩展性比较强，比如能用比较小的代价来扩展新的功能模块。

1.1.2　Spring Boot、Spring Cloud 和微服务三者的关系

微服务是体系架构，或者说是模块的组织形式，说得再通俗点，如果我们用"微服务架构"的方式组装业务模块，那么整个系统就能具有如上文所述的"高扩展性"和"模块间低耦合度"的特性。

注意，微服务是一个抽象的概念，它有不同的实现方式，而基于 Spring Boot 的 Spring Cloud 是当前比较流行的一种实现微服务的方式。

由于 Spring 具备 IOC 的特性，因此通过 Spring 开发出来的模块，它们之间的耦合度非常低，这同微服务的要求非常相似。在之前 Spring 版本的基础上，Pivotal 团队提供了一套全新的 Spring Boot 框架。

在这套框架里，开发者可以嵌入 Web 服务器，比如 Tomcat，无须像之前那样把项目文件打包（假设打包成 War 文件）并部署到 Web 服务器上，而且 Spring Boot 还具备自动配置的功能，更为便利的是，通过定义配置文件，开发者还能 "自动监控健康"基于 Spring Boot 框架模块的各项运行时的性能指标。总之，大家可以这样理解，Spring Boot 是之前 Spring 框架的升级版，通过之后基于代码的叙述，我们更能详细地体会到 Spring Boot 框架的优势。

我们可以通过 Spring Boot 在单台机器上搭建实现业务功能的模块，但事实上实现高并发的网站项目一般有"负载均衡""路由代理""消息服务"和"流量过高断路"等需求，而这些需求能很好地通过 Spring Cloud 这套框架提供的组件得到解决。

讲完三者的含义后，我们就能清晰地理顺这三者的关系了。

● 第一，微服务架构能给项目带来便于扩展和维护的优势，从而能给公司带来实惠，这也是微服务比较热门的原因。（有好处了别人才会用。）

- 第二，通过 Spring Boot 能开发微服务 "单机版" 的功能模块。即使是单机版的，由于在其中能嵌入 Web 服务器（当然还有其他升级点），因此和传统的 Spring 架构相比，也能给开发人员带来实际的便利。
- 第三，通过基于 Spring Cloud 框架的实现 "负载均衡" 等功能的组件，我们能有效地把各 "单机版" 的功能模块整合到一起组成架构。在这套架构里，我们不仅能得到微服务架构所带来的好处，由于引入了 Spring Cloud 组件，因此我们更能满足 "高并发访问量" 的需求。

1.1.3　基于 Netflix OSS 的 Spring Cloud 的常用组件

提到 Spring Cloud，我们就不得不先提一下 Netflix。这家公司组织成立了一个开源社区，名为 Netflix Open Source Software Center（Netflix OSS）。经过很多大神级别的开发者共同努力，这个社区推出了架构，Spring Cloud 就是其中之一。

大家也可以这样理解，Spring Cloud 是各种支持分布式微服务的组件的集合，通过配套使用其中的各项组件，开发者能以 "微服务" 的方式构建基于分布式部署的系统。在表 1.1 里，我们能看到 Spring Cloud 中的常用组件。

表 1.1　Spring Cloud 常用组件归纳表

组件名	功能	在项目中的作用
Eureka	服务治理组件	能很好地管理提供微服务的各项模块，比如通过 Eureka，系统能有效地发现新注册的组件，并把它加入到集群中
Ribbon	实现负载均衡的组件	能把高并发的请求有效地分发到已注册的各服务节点上
Hystrix	能提供容错保护功能	像保险丝，一旦请求多到会让系统崩溃，Hystrix 就会自动熔断，这样请求就不会再发到系统里，从而能保护系统
Zuul	能提供路由功能	比如能过滤掉一些非法请求，也能提供智能路由功能
RabbitMQ 或 Kafka	消息中间件	通过诸如这类的消息中间件，各模块间能有效地发送消息
Feign	能优化调用服务的框架	在微服务框架里，模块间一般是通过 Rest 的格式来通信，通过 Feign，模块间能更便捷地调用 Rest 服务
Steuth	能跟踪微服务的调用过程	在企业级应用里，一般会包含多个模块，而一个请求往往会调用多个服务模块。通过 Steuth，开发者能方便地看到服务调用的流程，从而能很方便地定位问题
Spring Cloud Config	服务配置管理工具	通过它能很好地管理微服务框架（或是集群）中的诸多配置文件

表 1.1 讲述的一些组件，比如 Ribbon 或 Hystrix 不只是能被用在微服务领域，在其他的高并发场景下也能用到。由此我们能体会到，上述组件构成了能搭建基于 Spring Cloud 微服务的全家桶，开发者能根据实际需求选用其中的一个或多个组件。

1.2　通过 Maven 开发第一个 Spring Boot 项目

　　用传统 Spring 框架开发项目，虽然各项目的业务功能点不同，但是它们会有不少相同的配置文件。新创建一个 Spring 项目时，我们不得不复制这些配置文件，对架构师（或高级开发）来说，这种"代码粘贴"动作是需要尽量避免的。Spring Boot 能有效地解决这类问题。

　　Spring Boot 没有"颠覆性"地改变 Spring 框架，而是通过引入 Maven 和"自动化配置"等方式来简化配置文件。它不仅能让开发者在新建项目时减少配置文件方面的工作量，还能进一步降低项目中类和 jar 包之间的依赖关系，它的价值在于"能减轻程序员在开发和配置项目中的工作量"。

1.2.1　Maven 是什么，能带来什么帮助

　　我们在用 Eclipse 开发项目时，一定会引入支持特定功能的 jar 包，比如从图 1.4 中，我们能看到这个项目需要引入支持 mysql 的 jar 包。

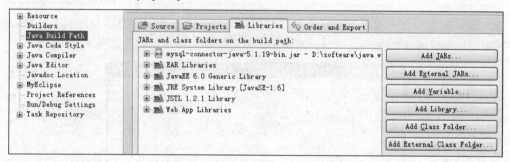

图 1.4　在项目里引入 jar 包的示意图

　　从图 1.4 中我们能看到，支持 mysql 的 jar 包是放在本地路径里的，这样在本地运行时自然是没问题的，但要把这个项目发布到服务器上就会有问题了，因为在这个项目的.classpath 文件已经指定 mysql 的 jar 包在本地 D 盘下的某个路径中，如图 1.5 所示。

```
<classpathentry kind="lib" path="D:/software/java web/mysql-connector-java-5.1.19-bin.jar"/>
<classpathentry kind="output" path="WebRoot/WEB-INF/classes"/>
```

图 1.5　指定 jar 路径的 classpath 文件的片段

　　一旦发布到服务器上，项目依然会根据.classpath 的配置从 D 盘下的这个路径去找，事实上服务器上是不可能有这样的路径和 jar 包的。

　　我们也可以通过在.classpath 里指定相对路径来解决这个问题，在下面的代码里，我们可以指定本项目将引入"本项目路径/WebRoot/lib"目录里的 jar 包。

```
<classpathentry kind="lib" path="WebRoot/lib/jar包名.jar"/>
```

　　这样做，发布到服务器时，由于会把整个项目路径里的文件都上传，因此不会出错。但这样依然会给我们带来不便。比如这个服务器上我们部署了 5 个项目，它们都会用到这个 mysql 支持包，

这样我们就不得不把这个 jar 包上传 5 次。再扩展一下，如果 5 个项目里会用到 20 个相同的 jar 包，那么我们还真就不得不做多次复制。如果我们要升级其中的一个 jar 包，那么还真就得做很多重复的复制粘贴动作。

期望中的工作模式应该是，有一个"仓库"统一放置所有的 jar 包，在开发项目时，可以通过配置文件引入必要的包，而不是把包复制到本项目里。这就是 Maven 的做法。

用通俗的话来讲，Maven 是一套 Eclipse 的插件，它的核心价值是能理顺项目间的依赖关系，具体来讲，能通过其中的 pom.xml 配置文件来统一管理本项目所要用到的 jar 包，在项目里引入 Maven 插件后，开发者就不必手动添加 jar 包了，这样也能避免因此来带来的一系列问题。

1.2.2 通过 Maven 开发 Spring Boot 的 HelloWorld 程序

在这个案例中，大家不仅可以理解如何开发 Spring Boot 的程序，更能理解 Maven 的一般用法。

代码位置	视频位置
代码\第 1 章\MyFirstSpringBoot	视频\第 1 章\通过 Maven 开发 Spring Boot 的 HelloWorld 程序

第一步，创建 Maven 项目。本书使用 MyEclipse 作为开发环境，在其中已经引入了 Maven 插件，所以我们可以通过"File"→"New"菜单，直接创建 Maven 项目，如图 1.6 所示。

图 1.6　在 MyEclipse 里创建 Maven 项目的示意图

在图 1.6 中，单击"Next"按钮后，会见到如图 1.7 所示的界面，在其中我们可以设置 Group Id 等属性。

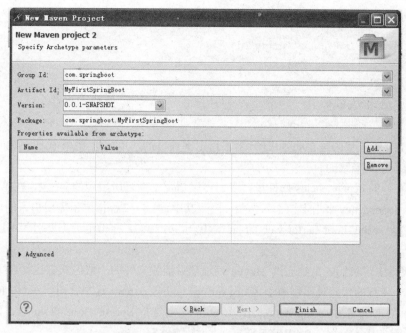

图 1.7　设置 Maven 各属性的示意图

其中，Group Id 代表公司名（也叫组织名），这里设置成 "com.springBoot"；Artifact Id 是项目名；Version 和 Packag 采用默认值。一般来说，通过 Group Id、Artifact Id 和 Version 就能定位到唯一的 jar 包。完成设置后，能看到新建的项目 MyFirstSpringBoot，如图 1.8 所示。

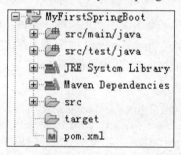

图 1.8　创建好的 Maven 项目示意图

第二步，改写 pom.xml。当我们创建好 Maven 项目后，在其中能看到 pom.xml 文件。在 Maven 项目里一般是通过 pom.xml 来指定本项目的基本信息以及需要引入的 jar 依赖包，关键代码如下：

```
1    <groupId>com.springboot</groupId>
2    <artifactId>MyFirstSpringBoot</artifactId>
3    <version>0.0.1-SNAPSHOT</version>
4    <packaging>jar</packaging>
5    <name>MyFirstSpringBoot</name>
6    <url>http://maven.apache.org</url>
7    <dependencies>
8     <dependency>
9            <groupId>org.springframework.boot</groupId>
10           <artifactId>spring-boot-starter-web</artifactId>
11           <version>1.5.4.RELEASE</version>
```

```
12    </dependency>
13    <dependency>
14      <groupId>junit</groupId>
15      <artifactId>junit</artifactId>
16      <version>3.8.1</version>
17      <scope>test</scope>
18    </dependency>
19  </dependencies>
```

其中，第 1~4 行的代码是自动生成的，用来指定本项目的基本信息，这和我们在之前创建 Maven 项目时所填的信息是一致的。

从第 7~19 行的 dependencies 属性里，我们可以指定本项目所用到的 jar 包，在第 8 和第 13 行分别通过两个 dependency 来指定该引入两类 jar 包。其中，第 8~12 行指定了需要引入用以开发 Spring Boot 项目的名为 spring-boot-starter-web 的 jar 的集合，第 13~18 行指定了需要引入用以单元测试的 junit 包。

从上述代码中，我们能见到通过 Maven 管理项目依赖文件的一般方式。比如在下面的代码片段里，通过第 2~4 行的代码说明需要引入 org.springframework.boot 这个公司组织（发布 Spring Boot jar 包的组织）发布的名为 spring-boot-starter-web 的一套支持 Spring Boot 的 jar 包，而且通过第 4 行指定了引入包的版本号是 1.5.4.RELEASE。

```
1   <dependency>
2       <groupId> org.springframework.boot </groupId>
3       <artifactId>spring-boot-starter-web</artifactId>
4       <version>1.5.4.RELEASE</version>
5   </dependency>
```

这样一来，在本项目里，我们就不用再手动地添加 jar 包，这些包实际上是存放在本地的 jar 包仓库里的，也就是说，在项目里是通过 pom.xml 的配置来指定需要引入这些包。

第三步，改写 App.java。在创建项目时，指定的 package 是 com.springboot.MyFirstSpringBoot，在其中会有一个 App.java，我们把这个文件改写成如下样式。

```
1   package com.springboot.MyFirstSpringBoot;
2   import org.springframework.boot.SpringApplication;
3   import org.springframework.boot.autoconfigure.SpringBootApplication;
4   import org.springframework.web.bind.annotation.RequestMapping;
5   import org.springframework.web.bind.annotation.RestController;
6
7   @RestController
8   @SpringBootApplication
9   public class App {
10      @RequestMapping("/HelloWorld")
11      public String sayHello() {
12          return "Hello World!";
13      }
14      public static void main(String[] args) {
15          SpringApplication.run(App.class, args);
16      }
17  }
18
```

由于是第一次使用 Maven，我们在这里再强调一次，虽然我们没有在项目里手动地引入 jar，但是在 pom.xml 里指定了待引入的依赖包，具体而言就是需要依赖 org.springframework.boot 组织所提供的 spring-boot-starter-web，所以在代码的第 2~5 行里，我们可以通过 import 语句，使用 spring-boot-starter-web（也就是 Spring Boot）的类库。

在第 8 行里，我们引入了@SpringBootApplication 注解，以此声明该类是一个基于 Spring Boot 的应用。

在第 10~13 行的代码里，我们通过@RequestMapping 指定了用于处理/HelloWorld 请求的 sayHello 方法，在第 14 行的 main 函数里，我们通过第 15 行的代码启动了 Web 服务。

至此，我们完成了代码编写工作。启动 MyFirstSpringBoot 项目里的 App.java，在浏览器里输入"http://localhost:8080/HelloWorld"。

由于/HelloWorld 请求能被第 11~13 行的 sayHello 方法的@RequestMapping 对应上，所以会通过 sayHello 方法输出"Hello World!"的内容，如图 1.9 所示。

图 1.9　HelloWorld 程序运行效果图

从这个程序里，我们能体会到开发 Spring Boot 和传统 Spring 程序的不同。

第一，在之前的 Spring MVC 框架里，我们不得不在 web.xml 中定义采用 Spring 的监听器，而且为了采用@Controller 控制器类，我们还得加上一大堆配置，但在 Spring Boot 里，我们只需要添加一个@SpringBootApplication 注解。

第二，我们往往需要把传统的 Spring MVC 项目发布到诸如 Tomcat 的 Web 服务器上，启动 Web 服务器后我们才能在浏览器里输入请求查看运行的效果；这里我们只需启动 App.java 这个类即可达到类似的效果。

1.2.3　Controller 类里处理 Restful 格式的请求

之前我们已经提到过，微服务模块间一般是通过 Restful 格式的请求来交互，在表 1.2 里，我们能看到各种 Restful 请求的格式。

表 1.2　常用 Restful 格式请求的功能归纳表

请求类型	url	功能说明
Get	/accounts	以 HTTP 里的 get 协议查询所有的 account 对象
Post	/accounts	以 HTTP 里的 post 协议查询所有的 account 对象
Get	/accounts/id	返回指定 id 的账户，相当于"查指定对象"
Put	/accounts/id	更新指定 id 的账户，相当于"改"
Delete	/accounts/id	删除指定 id 的账户，相当于"删"

其中，Get 等都是基于 HTTP 协议的请求。具体而言，如果我们指定请求类型是 Get，并设置请求 url 是/accounts/123，那么我们就能得到 id 是 123 的账户信息，如果发的是 Get 类型的/accounts，

就返回所有的账户。

在 SpringBootRestfulDemo 案例中，我们将向大家演示在 Spring Boot 里编写支持 Restful 格式请求的服务类的一般方法，同样，这里我们用 Maven 来创建项目。

代码位置	视频位置
代码\第 1 章\SpringBootRestfulDemo	视频\第 1 章\Spring Boot Restful 效果演示

在这个项目里，我们用和刚才 MyFirstSpringBoot 一样的方法创建 Maven 项目，只是这里的 artifactId 需要填写成本项目的名字 SpringBootRestfulDemo。这个项目的 pom.xml 和 MyFirstSpringBoot 项目里的一致，同样是引入 Spring Boot 的依赖包。在这个项目的 App.java 的 main 函数里，我们同样加入了启动代码，如下所示。

```
1   //省略必要的 package 和 import 代码
2   //同样通过@SpringBootApplication 注解来说明本类是启动类
3   @SpringBootApplication
4   public class App {
5       public static void main(String[] args) {
6           SpringApplication.run(App.class, args);
7       }
8   }
```

在这个项目中，我们需要定义描述账户信息的 Account 类，代码如下所示。

```
1   package com.springboot.SpringBootRestfulDemo;
2   public class Account {
3       private int id;
4       private String accountName;
5       //省略针对 id 和 accountName 这两个属性的 get 和 set 方法
6   }
```

在 RestfulController.java 里，我们将定义处理各种 Restful 格式请求的方法，代码如下所示。

```
1   //省略必要的 package 和 import 方法
2   //通过这个注解说明本控制器可以处理 Restful 格式的请求
3   @RestController
4   public class RestfulController {
5       //正式场景里，应当在数据表里存储账户信息，这里我们用 HashMap 演示
6       static Map<Integer, Account> accounts = new HashMap<
7           Integer, Account>();
8       //如果是 Get 请求，而且请求格式是/account，则将调用这个方法
9       @RequestMapping(value = "/account", method = RequestMethod.GET)
10      List<Account> getAccountList() //返回所有的账户信息
11      { return new ArrayList<Account>(accounts.values()); }
12      //如果是 POST 请求，而且请求格式是/account，则将调用这个方法
13      @RequestMapping(value = "/account", method = RequestMethod.POST)
            //插入一条数据，并返回 OK
14      String postAccount(@ModelAttribute Account account){
15          accounts.put(account.getId(), account);
16          return "OK";
17      }
18      //如果是 GET 请求，而且请求时带 id 参数，则将调用这个方法
19      @RequestMapping(value = "/account/{id}", method = RequestMethod.GET)
20      Account getAccount(@PathVariable Integer id){
```

```
21      //return accounts.get(id);
22      //在项目中，一般会如 21 行所示从数据源里得到数据并返回
23      //但这里，由于没有数据源，所以这里造个数据返回
24      Account account = new Account();
25      account.setId(id);
26      account.setAccountName("Tom");
27      return account;
28      }
29      //如果是 PUT 请求，而且请求时带 id 参数，则将调用这个方法
30      @RequestMapping(value="/account/{id}", method=RequestMethod.PUT)
31      String putAccount(@PathVariable Integer id, @ModelAttribute
        Account account){
32       //向数据源插入一条数据并返回
33      accounts.put(id, account);
34      return "OK";
35      }
36      //如果是 Delete 请求，而且请求时带 id 参数，则将调用这个方法
37      @RequestMapping(value="/account/{id}", method=RequestMethod.DELETE)
38      String deleteUser(@PathVariable Integer id){
39      //从数据源里删除这条 id 所指向的账号信息
40      accounts.remove(id);
41      return "OK";
42      }
43  }
```

在上述代码里，我们在每个方法的@RequestMapping 注解里，不仅指定了触发该方法的 url 请求格式，还指定了能触发该方法的请求类型。

在正式的项目里，我们是从数据源（比如 Account 数据表）里获取数据，这里我们用 HashMap 来代替数据库，所有的增、删、改、查都是针对上文第 6 行定义的 accounts 对象。

这里我们通过 url 的形式简易演示一下"Get"形式请求的运行效果。启动 App.java 后，在浏览器里输入"http://localhost:8080/account/1"，我们能看到 Json 格式的返回效果，如图 1.10 所示。

{"id":1,"accountName":"Tom"}

图 1.10　Get 请求返回的效果图

这里的请求其实是触发了第 20 行的 getAccount 方法，至于 Post 等其他格式的请求，无法通过浏览器的形式简单地调用，所以这里只给出实现代码，在后文里，我们将详细地给出调用方法。

1.2.4　@SpringBootApplication 注解等价于其他 3 个注解

Spring Boot 和传统的 Spring 框架一样，是通过注解来降低类（以及模块）之间的耦合，在其中，@SpringBootApplication 这个注解用得比较多，因为我们一般用它来启动应用项目。

事实上它是一个复合注解，等价于@ComponentScan、@SpringBootConfiguration 和 @EnableAutoConfiguration。

- @ComponentScan 继承于@Configuration，用来表示程序启动时将自动扫描当前包及子包下的所有类。

- @SpringBootConfiguration 表示将会把本类里声明的一个或多个以@Bean 注解标记的实例纳入 Spring 容器中。
- @EnableAutoConfiguration 用来表示程序启动时将自动地装载 springboot 默认配置文件。

1.2.5　通过配置文件实现热部署

如果我们每次在修改完 Spring Boot 里的 Java 或配置文件后都需要重启诸如 App.java 这样的启动类才能生效，那么这样的开发效率未免太低。在实际的开发过程中，我们可以通过修改 pom.xml 的方式来实现热部署。

以刚才的 SpringBootRestfulDemo 项目为例，为了实现热部署，我们需要把 pom.xml 修改如下：

```
1  <dependencies>
2      其他代码不变，只需添加一个 dependency 元素
3      <dependency>
4          <groupId>org.springframework.boot</groupId>
5          <artifactId>spring-boot-devtools</artifactId>
6          <version>1.5.4.RELEASE</version>
7      </dependency>
8      其他代码不变
9  </dependencies>
```

当我们在 pom.xml 添加完第 3~7 行的代码后，启动 App.java，这时我们能看到如下输出。

```
1  {"id":1,"accountName":"Tom"}
```

注意，此时别停服务，直接修改 getAccount 方法，把第 6 行参数修改成 "Peter"，如下所示。

```
1  @RequestMapping(value = "/account/{id}", method = RequestMethod.GET)
2  Account getAccount(@PathVariable Integer id)    {
3   //return accounts.get(id);
4   Account account = new Account();
5   account.setId(id);
6   account.setAccountName("Peter");
7   return account;
8   }
```

此时如果我们再往浏览器里输入 http://localhost:8080/account/1，那么输出就变成 "Peter" 了，也就是说，无须重启 App 启动类，即能看到修改后的效果。

```
1  {"id":1,"accountName":"Peter"}
```

1.3　通过 Actuator 监控 Spring Boot 运行情况

当我们把 Spring Boot 部署到服务器之后，一般需要监控微服务的运行情况：一方面，我们可以据此分析和排查问题；另一方面，我们能以此为依据优化代码。

Spring Boot 里提供了 spring-boot-starter-actuator 模块，引入该模块后，我们能实时地监控微服务的部署和运行情况，从而能减少程序员编写监控系统模块所用的工作量。这里我们将着重讲一下

常用的监控指标。

1.3.1　准备待监控的项目

新建一个基于 Maven 的名为 SpringBootActuatorDemo 的项目，启动后，再通过 actuator 来监控它所在站点的实时情况。

代码位置	视频位置
代码\第 1 章\SpringBootActuatorDemo	视频\第 1 章\通过 Actuator 监控项目

步骤01　在 pom.xml 加入 Spring Boot 和 actuator 的依赖包，关键代码如下：

```
1   <dependencies>
2     <dependency>
3           <groupId>org.springframework.boot</groupId>
4           <artifactId>spring-boot-starter-web</artifactId>
5           <version>1.5.4.RELEASE</version>
6     </dependency>
7     <dependency>
8        <groupId>org.springframework.boot</groupId>
9        <artifactId>spring-boot-starter-actuator</artifactId>
10       <version>1.5.4.RELEASE</version>
11    </dependency>
12    </dependencies>
```

其中，第 2~6 行引入的是 Spring Boot 的依赖包，第 7~11 行引入的是 actuator 的依赖包，其他代码不变。

步骤02　在 App.java 的 main 函数里，同样编写启动 Spring Boot 的代码。

```
1    //省略必要的package 和import 代码
2    @SpringBootApplication
3    public class App{
4       public static void main( String[] args ){
5       //启动 Spring Boot
6        SpringApplication.run(App.class, args);
7       }
8    }
```

步骤03　在 src 目录下，编写包含配置信息的 application.properties 文件。在 Spring Boot 的项目里，我们一般把配置文件放在这个目录，如图 1.11 所示。

图 1.11　application.properties 文件的一般位置

application.properties 里的代码如下所示。

```
1   management.security.enabled=false
```

```
2  info.build.artifact=org.springframework.boot
3  info.build.name=SpringBootActuatorDemo
4  info.build.description=DemoActuator
5  info.build.version=1.0
```

其中，第 1 行的代码用来指定本站点（运行本项目的站点，也叫节点）无须验证，这样我们就能通过浏览器看到一些 actuator 给出的监控信息，第 2~5 行的代码用来指定本站点的信息。

编写完成后，通过 App.java 启动 Spring Boot，随后，我们就能通过 actuator 查看监控信息。

1.3.2 通过/info 查看本站点的自定义信息

在确保启动 SpringBootActuatorDemo 的情况下，在浏览器里输入"http://localhost:8080/info"，能看到如下输出信息：

```
1  {"build":
2  {"description":"DemoActuator","name":"SpringBootActuatorDemo",
   "version":"1.0","artifact":"org.springframework.boot"}
3  }
```

其中，第 2 行的输出信息和我们在 application.properties 里配置的站点信息是一致的。

1.3.3 通过/health 查看本站点的健康信息

输入"http://localhost:8080/health"，能看到如下关于本站点健康信息的输出：

```
1  {"status":"UP",
2  "diskSpace":{"status":"UP","total":143893012480,"free":73405607936,
   "threshold":10485760}
3  }
```

在第 1 行里，能看到本站点的状态是"UP"，也就是启动状态；在第 2 行里，能看到关于磁盘使用量的情况，总体来说，状态也是"UP"。

1.3.4 通过/metrics 查看本站点的各项指标信息

输入"http://localhost:8080/metrics"，我们能看到关于本站点内存使用量、线程使用情况以及垃圾回收等信息，大致输出如下：

```
1  {
2  "mem":54530,
3  "mem.free":7435,
4  "processors":2,
5  "instance.uptime":8862204,
6  省略其他信息
7  }
```

比如在上述第 3 行里，我们能看到空闲内存的值。这里的指标数很多，我们就不一一列出了，大家可以自己看一下。总结起来，/metrics 将返回如下种类的信息：

- mem.*：描述内存使用量的信息。
- heap.*：描述虚拟机堆内存的信息。
- threads.*：描述线程使用情况的信息。
- classes.*：描述类加载和卸载的信息。
- gc.*：用来描述垃圾回收的信息。

此外，我们还能通过具体的指标名查看对应的值，比如输入"http://localhost:8080/metrics/gc.*"，就能看到垃圾回收相关指标的信息，输出如下：

```
1   {"gc.copy.count":60,"gc.copy.time":206,"gc.marksweepcompact.count":
    2, "gc.marksweepcompact.time":97}
```

1.3.5　actuator 在项目里的实际用法

除了刚才给出的用法外，我们还能通过/env 查看当前站点的环境信息，能通过/mappings 来查看当前站点的 Spring MVC 控制器的映射关系，能通过/beans 来查看当前站点中的 bean 信息。

不过在项目里，我们一般不是通过浏览器来查看，而是会通过代码来定时检测，再进一步，一旦当检测到的数据低于预期就自动发警告邮件。在本书的后继部分，将给出这种做法的实际案例。

1.4　本章小结

这章我们不仅讲述了微服务和传统体系架构的差别，还通过了一些基本的 Spring Boot 案例让大家感性地认识了微服务。通过这些案例，大家不仅可以了解到 Spring Boot 的基本语法，还能掌握实际项目中和 Spring Boot 密切相关的一些技能，比如热启动、如何在控制器类里处理 Restful 格式的请求和通过 actuator 监控微服务站点的方法等。

通过本章，大家能对 Spring Boot 有一个初步的了解，这也是大家继续通过本书后继章节了解 Spring Cloud 微服务的基础。请大家注意，微服务是一个框架，所以大家在后继学习时，不仅要专注具体的实现代码，务必还要关注微服务的框架本身，比如微服务模块间如何实现"负载均衡"以及多个微服务模块构建成集群的方式。

第 2 章

用 Spring Data 框架连接数据库

和 JDBC 一样，通过 Spring Data 框架里的 JPA 组件，我们也能用比较相似的方法无差别地访问不同类型数据库。

这种"屏蔽"的便利性和 Spring 里"解耦合"的理念是一脉相承的，具体来说，通过 Spring Data 框架，我们能轻易地解耦合业务逻辑和底层的数据库实现逻辑，这种"解耦合"的特性能从很大程度上提升系统的扩展性与可维护性，使得我们能用很小的代码更换系统的数据存储容器。

而且，JPA 组件也能起到 ORM 里映射的效果，也就是说，通过它，我们还能比较容易地实现业务中"一对一""一对多"和"多对多"的效果。

2.1　Spring Data 框架概述

Spring Data 是一个能简化数据库访问的开源框架，通过该框架里的 ORM 特性，我们能比较快捷地编写对数据库层的访问逻辑。由于它也是 Spring 家族的，因此它和 Spring Boot 乃至 Spring Cloud 有着天然的亲近性。

从图 2.1 中，我们能看到 Spring Data 框架在项目里所起到的作用，通过它，程序员能更关注于企业的核心价值——业务实现，从而可以不必过多地关注业务数据在数据库层的存储和读取细节，这种解耦合的便利性无疑将提升系统代码的可维护性。

在表 2.1 中，我们归纳了一些常见的子项目以及所对应的功能。不过在实际项目里，我们用得比较多的还是 JPA 组件。

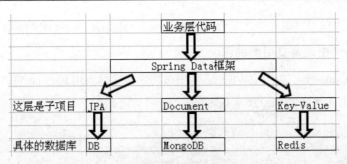

图 2.1　Spring Data 框架在项目里的示意图

表 2.1　Spring Data 常用子项目功能归纳表

子项目名	功能
JPA	支持对传统数据库的连接操作
Document	能支持 NoSQL，比如 MongoDB
Key-Value	能支持 Key-Value 类型的数据库，比如 Redis
Hadoop	能支持 Hadoop 的 MapReduce 特性
Graph	能支持 Neo4j 图形数据库

2.2　Spring Data 通过 JPA 连接 MySQL

JPA（Java Persistence API）是一套数据库持久层映射的规范，我们比较熟悉的 Hibernate 框架就是基于这套规范实现的，也就是说，它们两者的语法和开发方式非常相似。

这里，我们将通过 Spring Data 里的 JPA 实现组件来开发针对 MySQL 数据库的各种操作。

2.2.1　连接 MySQL 的案例分析

这里我们将实现通过 JPA 连接并访问 MySQL 数据库的整个流程。

代码位置	视频位置
代码\第 2 章\SpringBootJPAMySQLDemo	视频\第 2 章\Spring Boot 连接 MySQL 数据库

1．创建数据表，构建 Maven 项目

我们在 MySQL 里创建一个名为 springboot 的数据库，在其中创建一个名为 student 的表，结构如表 2.2 所示。

表 2.2　student 表结构的说明

字段名	类型	含义
id	varchar	主键，学号
name	varchar	姓名
age	varchar	年龄
score	float	成绩

创建完表之后，我们再创建一个名为 SpringBootJPAMySQLDemo 的 Maven 类型的项目。

2. 在 pom.xml 里配置要用到的包

本项目中 pom.xml 的关键代码如下，在其中将指定本项目要用到的 jar 包。

```
1    //省略描述项目名部分的配置代码
2    <parent>
3        <groupId>org.springframework.boot</groupId>
4        <artifactId>spring-boot-starter-parent</artifactId>
5        <version>1.5.6.RELEASE</version>
6    </parent>
7    <dependencies>
8     <dependency>
9            <groupId>org.springframework.boot</groupId>
10           <artifactId>spring-boot-starter-web</artifactId>
11    </dependency>
12    <dependency>
13           <groupId>org.springframework.boot</groupId>
              <artifactId>spring-boot-starter-data-jpa</artifactId>
14    </dependency>
15    <dependency>
16           <groupId>mysql</groupId>
17           <artifactId>mysql-connector-java</artifactId>
18           <version>5.1.3</version>
19    </dependency>
20    //省略描述 junit 依赖包的代码
21    </dependencies>
```

在第 2~6 行中，我们用 parent 标签来配置各子模块将要依赖的通用依赖包，也就是各子模块都要用到的 jar 包。注意，这里的版本是 1.5.6.RELEASE。

在我们引入了第 8~11 行的依赖包后，我们就可以把本项目配置成 Spring MVC 了，比如通过 @RestController 来定义控制器。注意，在第 5 行里，我们已经定义了父类依赖包的版本号，这里就不必再重复定义了。

在第 12~14 行中，我们引入了 Spring data jpa 所必需的依赖包，其实就是所必需的 jar 文件。在第 15 到 19 行中，引入了 mysql 的驱动包。

在本项目里用到的 jar 包都存在于本地 Maven 仓库里，一旦在本项目的 pom.xml 里指定了要用到哪些 jar 包，就将根据具体指定的 groupId 和 artifactId 引用本地仓库里对应的包。

比如本机的 maven 本地仓库的路径是 C:\Documents and Settings\Administrator\.m2\repository，而在 pom.xml 里配置 mysql 依赖包的代码如下：

```
1    <groupId>mysql</groupId>
2    <artifactId>mysql-connector-java</artifactId>
3    <version>5.1.3</version>
```

那么本项目就会引用 Maven 本地仓库路径\mysql\mysql-connector-java\5.1.3 目录下的 jar 包，如图 2.2 所示。其中，路径中的 mysql 和 groupId 相一致，mysql-connector-java 和 artifactId 相一致，5.1.3 和 version 相一致。

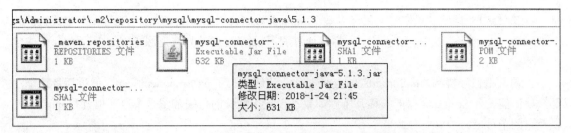

图 2.2　Maven 里被引用的 jar 实际位置示意图

同理，大家可以找到本项目引用到的 jpa 包的实际位置。

如果在本地仓库里找不到所需要的 jar 包，那么 Maven 会自动到远端仓库去下载 jar 包放置到本地仓库，比如本项目里用到的 spring-boot-starter-web 版本是 1.5.6.RELEASE，如果本地没有，大家还能看到从远端仓库（一般是一个能提供各种 Maven 包的网站）下载的这个过程。

3. 编写启动程序和控制器类

DataServerApp.java 的代码如下，在其中的第 5 行里，我们编写了启动代码。不过请注意，它是放在 jpademo 这个 package 里的。

```
1    @SpringBootApplication
2    public class DataServerApp{
3        public static void main( String[] args )
4        {
5            SpringApplication.run(DataServerApp.class, args);
6        }
7    }
```

在 studentController 里，我们放置了控制器部分的代码，在其中我们通过@RequestMapping 注解来指定 request 请求和待调用方法的对应关系。

```
1    @RestController //用这个注解说明该类是控制器
2    @RequestMapping(value = "/students")//指定基础路径
3    public class studentController {
4        @Autowired //将自动引入 studentService
5        private StudentService studentService;
6        @RequestMapping(value = "/find/name/{name}")
7        public List<Student> getStudentByName(@PathVariable String name)    {
8            List<Student> students = studentService.findByName(name);
9            return students;
10       }
11       @RequestMapping(value = "/nameAndscore/{name}/{score}" )
12        public List<Student> findByNameAndScore(@PathVariable String name,
         @PathVariable float score) {
13        List<Student> students = studentService.findByNameAndScore(name,
          score);
14           return students;
15       }
16   }
```

在第 7~10 行里，定义了将被/find/name/{name}格式 url 触发的 getStudentByName 方法，其中是调用 service 类的方法，返回指定 name 的学生信息。

在第 11~15 行里，我们定义了可以被"/nameAndscore/{name}/{score}"这种 url 格式触发的 findByNameAndScore 方法，在其中，同样是通过调用 service 层的方法返回指定 name 和 score 的学生成绩。

在前文里已经提到，@SpringBootApplication 注解包含了@ComponentScan，通过后者这个注解，我们能设置 Spring 容器的扫描范围。如果不设置，默认的扫描范围是本包（也就是 jpademo）以及它的子目录。

这里我们需要让容器扫描带有@RestController 的 studentController 类并把它设置成控制器类，如果把控制器类和 App.java 类设置成平级，那么容器会无法识别这个控制器，这就是为什么把控制器类包含在 jpademo 子目录里的原因。

同理，后面将要讲述的 StudentService.java 类，由于出现了@Autowired 注解，因此也希望被容器扫描到，所以我们同样需要把该类放在 jpademo 的子目录里。

4. 编写 Service 类

在 StudentService.java 里，我们编写提供业务服务的代码，上文里已经提到，为了也能让容器扫描到它，需要把它放在 jpademo.servcie 包（处于 jpademo 的子目录中）里，代码如下：

```
1    package jpademo.service;
2    省略必要的import 代码
3    @Service//自动注册到容器里
4    public class StudentService {
5        @Autowired //自动引入 Repository 类
6        private StudentRepository stuRepository;
7        //根据 name 查找
8        public List<Student> findByName(String name){
9          //调用 stuRepository 里的对应方法
10         return stuRepository.findByName(name);
11       }
12       //根据 name 和 score 查找
13       public List<Student> findByNameAndScore(String name,float score){
14         //同样也是调用 stuRepository 里的对应方法
15         return stuRepository.findByNameAndScore(name, score);
16       }
17   }
```

这个类里提供了两种服务方法，第 8 行的 findByName 方法实现了根据名字搜索的功能，第 13 行的 findByNameAndScore 方法实现了根据名字和分数搜索的功能。在这两个方法里，都是调用 StudentRepository 类型的 stuRepository 对象里的方法来实现功能的。

5. 编写 Repository 类

在 JPA 里，一般是在 Repository 类放置连接数据库的业务代码，它的作用有些类似 DAO。这里我们将在 StudentRepository 类里实现在刚才 service 层里调动的两个操作数据库的方法。

```
1    package jpademo.repository;//同样放入 jpademo 的子目录
2    省略必要的import 代码
3    @Component
4    //注意这是一个继承 Repository 的接口
5    public interface StudentRepository extends Repository<Student, Long>{
```

```
6        //通过 Query 注解定义查询语句
7        @Query(value = "from Student s where s.name=:name")
8        List<Student> findByName(@Param("name") String name);
9        //JPA 将根据这个方法自动拼装查询语句
10       List<Student> findByNameAndScore(String name, float score);
11    }
```

这里大家会看到一个比较有意思的现象，我们在第 8 行和第 10 行定义的两种方法都没有方法体。事实上在 JPA 的底层实现里将会根据方法名以及注解自动地执行查询语句并返回结果。

具体而言，在第 8 行的 findByName 方法里，将会执行第 7 行@Query 注解所带的基于 Student 表的查询语句，并以 List<Student>的形式返回结果。在第 10 行的 findByNameAndScore 方法里，JPA 底层将解析方法名，以 Name 和 Score 这两个字段为条件查询 Student 表，同样以 List<Student>的形式返回结果。

我们这里只给出了常用的通过 equals 查询的例子，在表 2.3 里，我们能看到 JPA 支持的其他常用关键字。

表 2.3　JPA 里支持的常用关键字列表

关键字	方法名示例	等价的 where 条件
Equals	findBy 字段名 Equals	where 字段名=参数
And	findBy 字段 1And 字段 2	where 字段 1=参数 1 and 字段 2=参数 2
Or	findBy 字段 1Or 字段 2	where 字段 1=参数 1 or 字段 2=参数 2
Between	findBy 字段名 Between	where 字段 between 参数 1 and 参数 2
GreaterThan	findBy 字段名 GreaterThan	where 字段名>参数
LessThan	findBy 字段名 LessThan	where 字段名<参数

除此之外，JPA 还支持 isnull、like 和 OrderBy 等其他查询关键字，但在项目里，简单查询的 SQL 语句毕竟是少数，在大多数查询语句里，往往会带 3 个以上关键字，比如：

```
select * from student where name=xxx and score>xxx and id in (xxx,xxx) order
by id asc
```

在类似复杂的场景里，就无法直接使用上述"字段名+关键字"形式的方法了，这时就可以通过@Query 引入较为复杂的 SQL 语句。注意，需要把 nativeQuery 设成 true。具体代码如下：

```
1    @Query(value = 复杂的 sql 语句, nativeQuery = true)
2    List<Student> findStudent(String name,float score,String ids);
```

6. 在配置文件里设置连接数据库的参数

在 application.properties 文件里，我们配置了 MySQL 数据库的各项连接参数，代码如下：

```
1    spring.jpa.show-sql = true
2    spring.jpa.hibernate.ddl-auto=update
3    spring.datasource.url=jdbc:mysql://localhost:3306/springboot
4    spring.datasource.username=root
5    spring.datasource.password=123456
6    spring.datasource.driver-class-name=com.mysql.jdbc.Driver
```

在第 2 行里，我们设置了数据表的创建方式，这里是 update，在启动本项目时，Spring 容器会把本地的映射文件和数据表做个比较，如果有差别，就用本地映射文件里的定义更新数据表结构，如果无差别，就什么也不做。这里如果没有特殊情况，不要用 create，因为 create 的含义是"删除后再创建"，这样会导致数据表的数据丢失。

在第 3~6 行中，我们定义了连接 url、用户名、密码和连接驱动等属性。

7．编写本地映射文件

由于 Spring data JPA 属于一种数据持久化映射技术，因此我们需要在本地开发一个能和 Student 数据表关联的 Model 对象，代码如下：

```
1   package jpademo.model;//为了被扫描到，同样是处于 jpademo 的子目录
2   //省略必要的 import 方法
3   @Entity
4   @Table(name="Student")  //和 Student 数据表关联
5   public class Student {
6       @Id //通过@Id 定义主键
7       private String ID;
8       @Column(name = "Name")
9       private String name;
10      @Column(name = "Age")
11      private String age;
12      @Column(name = "Score")
13      private float score;
14      //省略必要的 get 和 set 方法
15  }
```

其中，我们通过第 3 行和第 4 行的注解来说明本类是用来映射 Student 表的；通过第 6 行的 @Id 注解，我们指定了第 7 行的 ID 属性是用来映射表里的主键 ID 的；通过类似于第 8 行的@Column 注解，后面我们一一指定了本类里属性和 Student 数据表里的对应关系。

8．查看运行结果

至此，代码编写完成。运行前，我们需要到 student 表里插入一条 name 是 tom、score 是 100.0 的 数 据 。 通 过 DataServerApp.java 启 动 web 服 务 后 ， 在 浏 览 器 里 输 入 "http://localhost:8080/students/find/name/tom"，就会触发 Controller 层里的 getStudentByName，在浏览器里能看到如下所示的结果。

[{"name":"tom","age":"12","score":100.0,"id":"1"}]

如果输入"http://localhost:8080/students/nameAndscore/tom/100"，就调用 findByNameAndScore 方法，也能看到同样的结果。

2.2.2　使用 yml 格式的配置文件

在刚才的例子里，我们是把配置文件写在.properties 文件里，在项目里，我们还可以使用扩展名是 yml 的 YAML 文件来存放配置信息。

和传统的配置文件相比，yml 文件结构性比较强，比较容易被理解，在企业级系统里也被广泛应用。

这里我们将在刚才 SpringBootJPAMySQLDemo 项目的基础上稍做修改，在其中将会用到 yml 文件来存放数据库的连接信息。

代码位置	视频位置
代码\第 2 章\SpringBootJPAYMLDemo	视频\第 2 章\YML 配置文件演示

在这个项目里，需要去掉 application.properties 文件，在相同的位置添加一个 application.yml 文件，代码如下：

```
1    spring:
2     jpa:
3       show-sql: true
4       hibernate:
5         dll-auto: update
6     datasource:
7       url: jdbc:mysql://localhost:3306/springboot
8       username: root
9       password: 123456
10      driver-class-name: com.mysql.jdbc.Driver
```

在上述文件里，我们能看到 yml 是用缩进来定义层级关系的。其中，第 1~3 行的代码等价于 spring.jpa.show-sql = true，其他的配置信息以此类推。而且，建议在定义属性的冒号后面空一格再定义属性的值。

2.2.3　通过 profile 文件映射到不同的运行环境

我们在项目里经常会根据不同的运行环境使用不同的配置信息，比如在测试环境里连接测试数据库，在生产环境里连接生产库，又如，在测试和生产环境里往不同的位置输出日志信息。通过 profile，我们能轻易地实现这种效果。

代码位置	视频位置
代码\第 2 章\SpringBootJPAProfileDemo	视频\第 2 章\通过 profile 文件映射到不同环境

这个项目是在 2.2.2 小节的 SpringBootJPAYMLDemo 项目基础上修改而成的，这里我们将为 QA 和 PROD 环境配置不同的数据库连接参数。

修改点 1，在 application.yml 里设置 QA 和 PROD 两个环境的配置信息，代码如下：

```
1    spring:
2     profiles: QA
3     jpa:
4       show-sql: true
5       hibernate:
6         dll-auto: create
7     datasource:
8       url: jdbc:mysql://localhost:3306/springboot
9       username: root
10      password: 123456
11      driver-class-name: com.mysql.jdbc.Driver
12   ---
13   spring:
14    profiles: PROD
15    jpa:
16      show-sql: false
```

```
17      hibernate:
18        dll-auto: update
19    datasource:
20      url: jdbc:mysql://localhost:3306/springboot
21      username: root
22      password: 123456
23      driver-class-name: com.mysql.jdbc.Driver
```

其中，第 1~11 行配置的是 QA 环境的信息，第 13~23 行配置的是 PROD，中间用第 12 行的横线分隔，这个分隔符纯粹是为了提升可读性，开发中可以不加这个内容。上述代码的关键是在第 2 行和第 14 行里，用 spring.profiles = XX 的形式来指定该段代码的作用域。

修改点 2，在启动文件 App.java 里，修改代码如下：

```
1    //省略必要的package和import代码
2    @SpringBootApplication
3    public class App
4    {
5        public static void main( String[] args ){
6            ConfigurableApplicationContext context =
             new SpringApplicationBuilder(App.class).properties(
             "spring.config.location=classpath:/application.yml")
             .properties("spring.profiles.active=QA").run(args);
7        }
8    }
```

这里通过第 6 行的代码以.properties("spring.profiles.active=XX")的形式指定该以 QA 或 PROD 模式启动服务，从而指定本程序读取的是测试还是生产环境的数据库连接参数。

2.3 通过 JPA 实现各种关联关系

在实际项目里，我们会关联查询多张数据表，从中获得必要的业务数据，对应地，我们也可以通过 JPA 把基于多表的各种关联关系映射到 Model 类里。

具体而言，表之间的关联关系可以是一对一、一对多或多对多，通过 JPA，我们能用比较简单的方式来实现这些关联关系。

2.3.1 一对一关联

代码位置	视频位置
代码\第 2 章\SpringBootJPAOne2OneDemo	视频\第 2 章\JPA 一对一关联演示

在这个业务场景里，我们让一个学生（Student）只能拥有一张银行卡（Card），具体而言，学生和银行卡之间是一对一关联。

步骤01 创建学生和银行卡这两张数据表。学生表的结构如表 2.4 所示，其中用 cardID 来表示该学生所拥有的银行卡号。

表 2.4　一对一关联里的 Student 表结构

字段名	类型	含义
id	varchar	主键，学号
name	varchar	姓名
age	varchar	年龄
score	float	成绩
cardID	varchar	对对应的银行卡号

描述银行卡的 Card 表结构如表 2.5 所示。

表 2.5　一对一关联里的 Card 表结构

字段名	类型	含义
cardID	varchar	卡号，与 Student 表里的 cardID 关联
balance	float	余额

步骤02 在 pom.xml 里描述本项目的依赖包。在这个项目里，我们将和之前的项目一样，依赖 JPA、Spring Boot 以及 MySQL 的 jar 包，所以就不再给出详细的代码了。

步骤03 在 application.yml 里配置 jpa 以及 mysql 数据库连接的信息，代码如下：

```
1    spring:
2     jpa:
3       show-sql: true
4       hibernate:
5         dll-auto: update
6     datasource:
7       url: jdbc:mysql://localhost:3306/springboot
8       username: root
9       password: 123456
10      driver-class-name: com.mysql.jdbc.Driver
```

这里同样要注意缩进，而且这里代码的具体含义在之前的项目介绍里都解释过，所以就不再额外解释了。

步骤04 编写用来映射数据表的学生和银行卡的 Model 类，其中 Student.java 的代码如下：

```
1    //省略必要的 package 和 import 代码
2    @Entity
3    @Table(name="Student")  //映射到 MySQL 里的 Student 表
4    public class Student {
5        @Id //主键
6        private String ID;
7        @Column(name = "Name")//通过@Column 指定映射的列名
8        private String name;
9        @Column(name = "Age")
10       private String age;
11       @Column(name = "Score")
12       private float score;
13       //通过@OneToOne 来指定和 Card 的一对一关联关系
14       @OneToOne(cascade = CascadeType.ALL)
15       @JoinColumn(name = "cardID", unique=true)
```

```
16        private Card card;
17        //省略必要的 get 和 set 方法
18    }
```

在上述代码的第 14~16 行中，通过@OneToOne 的注解指定了 Student 和 Card 的一对一关联，其中通过第 15 行的@JoinColumn 来表示是通过 cardID 来关联到 Card 表的。

Card.java 代码如下，这个类比较简单，通过第 2 行和第 3 行的@Entity 和 Table 注解来指定待关联的数据表名，通过第 5 行的@Id 来指定主键，通过第 7 行的@Column 来指定对应的列名。

```
1    //省略必要的 package 和 import 代码
2    @Entity
3    @Table(name="Card")//指定关联到 Card 表
4    public class Card {
5        @Id
6        private String cardID;//指定主键
7        @Column(name = "balance")//指定映射的列名
8        private float balance;
9        //省略必要的 get 和 set 方法
10   }
```

步骤05 编写控制器类 StudentController.java，具体代码如下：

```
1    //省略必要的 package 和 import 代码
2    @RestController //指定本类是控制器类
3    @RequestMapping(value = "/students")
4    public class StudentController {
5        @Autowired
6        private StudentService studentService;
7        @RequestMapping(value = "/one2oneDemo")
8        public void one2oneDemo() {
9            studentService.one2oneDemo();
10       }
11   }
```

在上述代码的第 7 行和第 8 行里，我们能看到，/one2oneDemo 格式的请求将触发 one2oneDemo 方法，在这个方法里，将调用 service 层的对应方法。

步骤06 编写实现 Service 层功能的 StudentService.java，代码如下：

```
1    //省略必要的 package 和 import 代码
2    @Service
3    public class StudentService {
4        @Autowired
5        private StudentRepository stuRepository;
6        public void one2oneDemo() {
7            //创建一个学生
8            Student s = new Student();
9            s.setID("1");
10           s.setName("Peter");
11           s.setScore(100);
12           s.setAge("12");
13           //创建一张卡
14           Card card = new Card();
15           card.setCardID("card1");
```

```
16          card.setBalance(200);
17          s.setCard(card);
18          //保存学生信息
19          stuRepository.save(s);
20          //通过学生找到卡，并打印卡信息
21          Student peter = stuRepository.findByName("Peter").get(0);
22          System.out.println(peter.getCard().getCardID());
23          System.out.println(peter.getCard().getBalance());
24           //删除学生后，卡信息也会一并被删除
25           stuRepository.delete(s);
26      }
27  }
```

在上述代码里，我们能看到学生和银行卡之间的关联关系。具体而言，当我们在第 19 行 save 学生信息后，能在第 21 行通过 name 找到该学生所对应的卡，在第 22 行和第 23 行里，能打印出对应的卡信息。

由于之前设置的学生和银行卡之间的级联关系（CascadeType）是 ALL，其中也包含 "删除"，因此在第 25 行里，当我们通过 delete 语句删除学生信息后，就能发现 card 表里和该学生对应的银行卡记录也会被删除。

步骤07　实现 StudentRepository 接口，在其中实现针对数据库的操作，具体代码如下：

```
1   //省略必要的 package 和 import 代码
2   @Component
3   public interface StudentRepository extends JpaRepository<Student, Long>{
4       @Query(value = "from Student s where s.name=:name")
5       List<Student> findByName(@Param("name") String name);
6
7   }
```

我们在第 4 行和第 5 行的代码里，实现了根据 name 查找 Student 对象的功能，至于在 Service 层里调用的 save 和 delete 方法，则是封装在 JpaRepository 类里的，我们无须编写。

最后，我们还得在 App.java 里实现 SpringBoot 的启动代码，这块我们之前已经提到过，所以就不再解释了。

```
1   @SpringBootApplication
2   public class App{
3       public static void main( String[] args )
4       {
5           SpringApplication.run(App.class, args);
6       }
7   }
```

至此，当我们通过 App.java 启动 Spring Boot 时，就能通过在浏览器里输入如下 url 来查看效果了。

```
1   http://localhost:8080/students/one2oneDemo
```

根据 Controller 层的定义，该 url 请求会触发 Service 层里的 one2oneDemo 方法，大家如果查看数据库，就能看到 "插入学生后对应的银行卡信息也能自动插入" 以及 "删除学生后对应的卡也会自动删除" 的级联操作效果。

2.3.2 一对多关联

代码位置	视频位置
代码\第 2 章\SpringBootJPAOne2ManyDemo	视频\第 2 章\JPA 一对多关联

这里，我们将实现一个用户（User）拥有多辆汽车（Car）的业务场景。其中，用户表的结构如表 2.6 所示，描述汽车的 Car 表结构如表 2.7 所示。

表 2.6　一对多关联里的 User 表结构

字段名	类型	含义
userID	Int	用户 ID，主键，自增长
Name	varchar	用户姓名

表 2.7　一对多关联里的 Car 表结构

字段名	类型	含义
carID	int	汽车 ID，主键，自增长
price	float	汽车价格
userID	int	用户 ID，外键，与 User 表关联

在创建完 Maven 类型的 SpringBootJPAOne2ManyDemo 项目后，在其中的 pom.xml 里，我们将和之前的项目一样，同样引入 JPA、Spring Boot 以及 MySQL 的 jar 包。

由于这里连接的数据库和之前"2.3.1"小节中的一致，因此 application.yml 用的是和之前一样的代码。

在 User.java 和 Car.java 这两个 Model 类里，我们将定义一对多关联关系，其中 User.java 的代码如下：

```
1    //省略必要的package和import代码
2    @Entity
3    @Table(name="User")  //指定关联到User表
4    public class User {
5        @Id
6        @Column(name="userID")  //定义主键
7        @GeneratedValue(strategy = GenerationType.IDENTITY)
8        private int userID;
9        @Column(name = "name")
10       private String name;
11       //通过@OneToMany定义一对多关联
12       @OneToMany(cascade = CascadeType.ALL,mappedBy = "user")
13       private Set<Car> cars;
14       //省略必要的get和set方法
15   }
```

在第 13 行里，我们通过 Set 类来存放一个用户拥有的多辆汽车。在第 12 行里，我们通过 @OneToMany 注解定义了"一个用户拥有多辆车"的关系。这里 cascade 的级联关系是 ALL，也就是说，一旦从数据表里删除这个用户，那么对应的汽车也会从数据表里被删除；mappedBy 的取值是 user，也就是说，在 Car 类里使用过这个属性来指定车的主人。

描述汽车类的 Car.java 的代码如下：

```
1    //省略必要的 package 和 import 代码
2    @Entity
3    @Table(name="Car")  //和 Car 表相关联
4    public class Car {
5        @Id
6        @Column(name="carID")  /主键
7        @GeneratedValue(strategy = GenerationType.IDENTITY)
8        private int carID;
9        @Column(name = "price")
10       private float price;
11       @ManyToOne(cascade = CascadeType.ALL)
12       @JoinColumn(name="userID")
13       private User user;
14       //省略必要的 get 和 set 方法
15   }
```

在这里的第 11~13 行里，通过@ManyToOne 的注解来定义汽车和用户的关联关系，其中用第
12 行的@JoinColumn 来指定 Car 类是通过 userID 这个属性和 User 类关联的，第 13 行定义的 user
类则指定了这个 Car 的主人。

在 userController.java 里，我们定义了这个 Spring Boot 项目的"控制器类"，具体代码如下：

```
1    //省略必要的 package 和 import 代码
2    @RestController  //指定该类是控制器类
3    @RequestMapping(value = "/users")
4    public class userController {
5        @Autowired
6        private UserService userService;
7        @RequestMapping(value = "/one2manyDemo")
8        public void one2manyDemo() {
9            userService.one2manyDemo();
10       }
11   }
```

在第 7 行里，我们通过@RequestMapping 注解定义了触发该方法的 url 格式，在第 8 行的
one2manyDemo 方法里，调用了 service 层里的 one2manyDemo 方法。下面我们来看一下
UserService.java 这段代码。

```
1    //省略必要的 package 和 import 代码
2    @Service  //指定本类是 Service
3    public class UserService {
4        @Autowired
5        private UserRepository userRepository;
6        public void one2manyDemo(){
7            //创建两个 Car 对象
8            Car car1 = new Car();
9            car1.setPrice(100);
10           Car car2 = new Car();
11           car2.setPrice(200);
12           //创建一个用户
13           User user = new User();
14           user.setName("Peter");
15           //设置两辆车的主人是 Peter
16           car1.setUser(user);
```

```
17          car2.setUser(user);
18          //定义一个 Set，放入两辆车
19          Set<Car> cars = new HashSet<Car>();
20          cars.add(car1);
21          cars.add(car2);
22          //给用户指定两辆车
23          user.setCars(cars);
24          //通过 save 方法存入用户
25          userRepository.save(user);
26          //先注释掉这行代码
27          //userRepository.delete(user);
28      }
29  }
```

在上述代码的第 8~23 行里，我们定义了一个用户和两辆车，并设置了 "Peter" 拥有两辆车的一对多关系。当我们在第 25 行通过 save 方法存入用户时，不仅能在 User 表里看到对应的用户信息，还能在 Car 表里看到关联的两辆车也被插入了。

如果我们打开第 27 行的注释，就会发现虽然我们只是通过 delete 方法删除了用户，但由于这里一对多的级联关系是 ALL，因此这个用户所对应的两辆车也会被从 Car 数据表里删除。

在上述 UserService.java 里，我们事实上是调用了 UserRepository 这个和 JPA 有关类里的方法，在这个 Repository 接口里，我们只是继承了 JpaRepository，在其中什么都没做，具体代码如下：

```
1  @Component
2  public interface UserRepository extends JpaRepository<User, Long>
3  { }
```

也就是说，在 Service 层里，我们使用了 JpaRepository 里自带的 save 和 delete 方法。

最后，我们还得编写该 Spring Boot 的启动类 App.java，代码如下：

```
1  //省略必要的 pacage 和 import 代码
2  @SpringBootApplication
3  public class App{
4      public static void main( String[] args )
5      {
6          SpringApplication.run(App.class, args);
7      }
8  }
```

当我们启动上述 App.java，并在浏览器里输入 "http://localhost:8080/users/one2manyDemo" 后，就会触发 UserService 类里的 one2manyDemo 方法，从而看到本案例的演示效果。

2.3.3 多对多关联

代码位置	视频位置
代码\第 2 章\SpringBootJPAMany2ManyDemo	视频\第 2 章\JPA 多对多关联

这里，我们将实现多本图书（Book）和多名作者（Author）之间的多对多关系，具体而言，一本书可以有多名作者，同一作者可以写多本书。

在表 2.8 中，我们定义了描述图书的 Book 表。

表 2.8　多对多关联里的 Book 表结构

字段名	类型	含义
bookID	int	ID，主键
Name	varchar	图书的名字

描述作者的 Author 表结构如表 2.9 所示。

表 2.9　多对多关联里的 Author 表结构

字段名	类型	含义
authorID	int	ID，主键
name	varchar	作者的姓名

同时，我们还需要创建 book_author 表来描述书和作者的多对多关联，结构如表 2.10 所示。

表 2.10　多对多关联里的 book_author 表结构

字段名	类型	含义
authorID	int	作者 ID
bookID	int	图书 ID

在创建完 Maven 类型的 SpringBootJPAMany2ManyDemo 项目后，在其中的 pom.xml 里，我们将和之前的项目一样，同样引入 JPA、Spring Boot 以及 MySQL 的 jar 包。

在 Book.java 和 Author.java 这两个 Model 类里，我们将定义多对多关联关系。其中，Book.java 的代码如下：

```
1    //省略必要的 package 和 import 代码
2    @Entity
3    @Table(name="Book")//和 Book 表相关联
4    public class Book {
5        @Id  //主键
6        private int bookID;
7        @Column(name = "name")
8        private String name;
9        //定义多对多关联
10       @ManyToMany(cascade = CascadeType.ALL)
11       @JoinTable(name = "book_author", joinColumns = {
12       @JoinColumn(name = "bookID", referencedColumnName = "bookID")},
         inverseJoinColumns = {
13       @JoinColumn(name = "authorID", referencedColumnName = "authorID")})
14       private Set<Author> authors;
15       //省略对应的 get 和 set 方法
16   }
```

在第 10 行中，我们定义了图书和作者的多对多关联；在第 11~13 行中，定义了 book_author 表里分别用 bookID 和 authorID 来描述双方的多对多关系；在第 14 行中，通过 Set 来描述这本图书里的多名作者信息。

描述作者类的 Author.java 的代码如下，其中通过第 10 行的@ManyToMany 注解来定义作者和图书的多对多关联，通过第 11 行定义 Set 类型的 books 属性来存放作者所写的多本书。

```
1   //省略必要的 package 和 import 代码
2   @Entity
3   @Table(name="Author")  //指定该类和 Author 表相关联
4   public class Author {
5       @Id  //主键
6       private int authorID;
7       @Column(name = "name")
8       private String name;
9       //指定 Author 和 Book 的多对多关联
10      @ManyToMany(mappedBy = "authors")
11      private Set<Book> books;
12      //省略必要的 get 和 set 方法
13  }
```

在 Controller.java 里，我们定义"控制器类"，具体代码如下：

```
1   //省略必要的 package 和 import 代码
2   @RestController //定义控制器类
3   @RequestMapping(value = "/books")
4   public class Controller {
5       @Autowired
6       private BookService bookService;
7       @RequestMapping(value = "/many2manyDemo")
8        public void many2manyDemo() {
9           bookService.many2manyDemo();
10      }
11  }
```

其中，在第 7 行中，我们通过@RequestMapping 注解定义了触发该方法的 url 格式；在第 8 行的 many2manyDemo 方法中，调用了 service 层里的对应方法。下面我们来看一下 bookService.java 代码。

```
1   //省略必要的 package 和 import 代码
2   @Service
3   public class BookService {
4       @Autowired
5       private BookRepository bookRepository;
6       @Autowired
7       private AuthorRepository authorRepository;
8       public void many2manyDemo()
9       {
10      //定义三位作者
11      Author author1 = new Author();
12      author1.setAuthorID(1);
13      author1.setName("Peter");
14      Author author2 = new Author();
15      author2.setAuthorID(2);
16      author2.setName("Tom");
17      Author author3 = new Author();
18      author3.setAuthorID(3);
19      author3.setName("Ben");
20      //创建两本书
21      Book javaBook = new Book();
22      javaBook.setBookID(1);
```

```
23          javaBook.setName("Java");
24          Book dbBook = new Book();
25          dbBook.setBookID(2);
26          dbBook.setName("Oracle");
27          //通过两个 set 存放 Java 书和 DB 书的作者
28          Set<Author> javaAuthors = new HashSet<Author>();
29          javaAuthors.add(author1);
30          javaAuthors.add(author3);
31          Set<Author> dbAuthors = new HashSet<Author>();
32          dbAuthors.add(author2);
33          dbAuthors.add(author3);
34          //设置 Java 书和 DB 书的作者
35          javaBook.setAuthors(javaAuthors);
36          dbBook.setAuthors(dbAuthors);
37          //保存 java 书和 DB 书
38          bookRepository.save(javaBook);
39          bookRepository.save(dbBook);
40      }
41  }
```

在上述代码的第 10~36 行里，我们完成了如下动作。

第一，定义了 3 名作者信息。
第二，创建了 java 和 DB 两本书的信息。
第三，定义了两个 Set，在其中存放了两本书的作者信息。
第四，给两本书设置了对应 Set，以此指定两本书的作者。

在第 38~39 行中，我们通过 save 方法保存了两本书，此时我们能看到如下效果。

第一，在 Book 表里能看到 Java 和 DB 图书的信息。
第二，在 Author 表里，能看到 3 名作者的信息。
第三，在 book_author 表里，能看到图书和作者的对应关系。

在上述的 Service 类里，我们事实上是调用了 BookRepository 和 AuthorRepository 这两个和 JPA 有关的类中的方法。同样地，在这两个类里我们只是继承了 JpaRepository 这个接口，在其中什么都没做。BookRepository 类的具体代码如下：

```
1  @Component
2  public interface BookRepository extends JpaRepository<Book, Long>
3  { }
```

AuthorRepository 类的代码如下：

```
1  @Component
2  public interface AuthorRepository extends JpaRepository<Author, Long>
3  { }
```

也就是说，在 Service 层里，我们也是使用了 JpaRepository 里自带的 save 方法。
最后，我们还得编写该 Spring Boot 的启动类 App.java，代码如下：

```
1  //省略必要的 pacage 和 import 代码
2  @SpringBootApplication
3  public class App{
```

```
4        public static void main( String[] args )
5        {
6            SpringApplication.run(App.class, args);
7        }
8    }
```

当我们启动上述 App.java，并在浏览器里输入"http://localhost:8080/books/many2manyDemo"后，就会触发 BookService 类里的 many2manyDemo 方法，从而看到本案例的演示效果。

2.4 本 章 小 结

通过本章的学习，大家能发现通过 JPA 能比较方便地开发基于 MySQL 的数据库业务代码，事实上，只要我们在.yml 文件里修改对应的连接驱动、连接 URL、数据库用户名和密码，就能用非常相似的代码来访问 Oracle 或 SQL Server 等其他数据库。

在本章中，还讲述了通过 JPA 实现一对一、一对多和多对多等关联场景的方式。在真实的项目里，可能业务场景要比这复杂，但开发步骤是一致的。换句话说，在学完本章后，大家能用同样的方法很快地实现各类真实的"关联"业务。

第3章

服务治理框架：Eureka

在微服务项目里，我们需要关注能带来实际价值的业务功能，但同时还得考虑"微服务如何发布"以及"如何让客户发现并调用微服务"这类面向基础设施的问题。

我们固然可以自己开发一套"管理微服务"的框架，但这样势必会增加项目的开发周期和成本，事实上 Eureka 框架已经提供了上述功能。具体而言，在服务器端，我们能通过 Eureka 服务治理框架发布和注册服务；在客户端，我们可以用此发现并调用微服务。

不仅如此，在高并发的场景里，我们还可以配置 Eureka 集群，即在多台机器上配置 Eureka，以此来适应常见的"负载均衡"和"故障转移"需求。

3.1   了解 Eureka 框架

Eureka 是 Spring Cloud Netflix 全家桶中的一个组件，在有些资料里，它也被称为"服务发现框架"。不管叫什么名字，我们都可以通过它来注册、发布、发现和调用服务。

3.1.1   Eureka 能干什么

在项目里，一般存在"服务提供者"和"服务调用者"两种角色，为了调到服务，服务提供者需要服务调用者知道"服务所在的 IP 地址、端口号和提供服务的方法名"这些关键信息，如果服务比较多，那么该如何维护这些服务信息呢？

比较直观的解决方案是"用静态的方式来管理服务列表"，比如在一个配置文件里放入所有的服务清单，包括刚才提到的 IP 地址、端口号和方法名，但这未必是一种好的选项。

一方面，如果系统里服务提供模块的数量很多，那么这类配置文件就会很长，这样可读性就会很差，从而导致该文件很难维护。另一方面，随着项目的不断深入，服务提供模块一定是会不断变更的，在配置文件中的服务列表信息也需要随之不断更改。这不仅增加了系统的维护难度，还会提升诸如命名冲突这类问题的风险。

Eureka 组件为此提供了一套较好的解决方案。

第一，服务提供者可以向 Eureka 注册中心注册本模块可以提供的服务。

第二，服务调用者能从 Eureka 注册中心查找（也就是发现）和调用所需的服务。

第三，大家可以把 Eureka 理解成第三方的服务管理平台。一旦有新的服务生成或有旧的服务失效，Eureka 能做到自动更新服务列表，这就降低了因服务不断变更而导致的项目维护成本。

3.1.2 Eureka 的框架图

从图 3.1 中，我们能看到 Eureka 的基本架构。

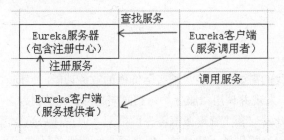

图 3.1　Eureka 的基本框架

在 Eureka 的服务器里，包含着记录当前所有服务列表的注册中心，而服务提供者和调用者所在的机器均被称为"Eureka 客户端"。

服务提供者会和服务器进行如下交互：第一，注册本身能提供的服务；第二，定时发送心跳，以此证明本服务处于生效状态。服务调用者一般会从服务器查找服务，并根据找到的结果从服务提供者端调用服务。

3.2　构建基本的 Eureka 应用

在这一部分，我们将编写 Eureka 的服务器、服务提供者和调用者的代码，并通过它们之间的交互来向大家演示 Eureka 的开发步骤和工作流程。

3.2.1 搭建 Eureka 服务器

这里我们将在 EurekaBasicDemo-Server 项目里编写 Eureka 服务器的代码。

代码位置	视频位置
代码\第 3 章\EurekaBasicDemo-Server	视频\第 3 章\搭建 Eureka 服务器

　　第一步，当我们创建完 Maven 类型的项目后，需要在 pom.xml 里编写该项目所需要的依赖包，关键代码如下：

```
1    <dependencyManagement>
2      <dependencies>
3        <dependency>
4            <groupId>org.springframework.cloud</groupId>
5            <artifactId>spring-cloud-dependencies</artifactId>
6            <version>Brixton.SR5</version>
7            <type>pom</type>
8            <scope>import</scope>
9        </dependency>
10     </dependencies>
11   </dependencyManagement>
12   <dependencies>
13     <dependency>
14       <groupId>org.springframework.cloud</groupId>
15       <artifactId>spring-cloud-starter-eureka-server</artifactId>
16     </dependency>
17   </project>
```

　　在第 1~11 行的代码中，我们引入了版本号是 Brixton.SR5 的 Spring Cloud 包，这个包里包含着 Eureka 的支持包，在第 13~16 行的代码中，引入了 Eureka Server 端的支持包，引入后，我们才能在项目的 java 文件里使用 Eureka 组件的特性。

　　第二步，在 application.yml 里，需要配置 Eureka 服务端的信息，代码如下：

```
1    server:
2      port: 8888
3    eureka:
4      instance:
5        hostname: localhost
6      client:
7        register-with-eureka: false
8        fetch-registry: false
9        serviceUrl:
10         defaultZone: http://localhost:8888/eureka/
```

　　在第 2 行和第 5 行的代码中，我们指定了 Eureka 服务端使用的主机地址和端口号，这里分别是 localhost 和 8888，也就是说让服务端运行在本地的 8888 号端口。在第 10 行中，我们指定了服务端所在的 url 地址。

　　由于这已经是服务器端，因此我们通过第 7 行的代码指定无须向 Eureka 注册中心注册自己，同理，服务器端的职责是维护服务列表而不是调用服务，所以通过第 8 行的代码指定本端无须检索服务。

　　第三步，在 RegisterCenterApp.java 里编写 Eureka 启动代码。

```
1    //省略必要的 package 和 import 代码
2    @EnableEurekaServer //指定本项目是 Eureka 服务端
3    @SpringBootApplication
4    public class RegisterCenterApp
5    {
6        public static void main( String[] args )
7        {
```

```
8              SpringApplication.run(RegisterCenterApp.class, args);
9        }
10   }
```

在第 6 行的 main 函数里,我们还是通过 run 方法启动 Eureka 服务。

运行 App.java 启动 Eureka 服务器端后,在浏览器里输入"localhost:8888"后,可以看到如图 3.2 所示的 Eureka 服务器端的信息面板,其中 Instances currently registered with Eureka 目前是空的, 说明尚未有服务注册到本服务器的注册中心。

DS Replicas

Instances currently registered with Eureka

Application	AMIs	Availability Zones	Status
No instances available			

图 3.2　Eureka 服务器端的信息面板示意图

3.2.2　编写作为服务提供者的 Eureka 客户端

这里我们将在 EurekaBasicDemo-ServerProvider 项目里编写 Eureka 客户端的代码。在这个项目 里,我们将提供一个 SayHello 的服务。

代码位置	视频位置
代码\第 3 章\EurekaBasicDemo-ServerProvider	视频\第 3 章\搭建提供服务的 Eureka 客户端

第一步,创建完 Maven 类型的项目后,我们需要在 pom.xml 里写入本项目的依赖包,关键代 码如下。本项目所用到的依赖包之前都用过,所以这里就不展开讲了。

```
1   <dependencyManagement>
2      <dependencies>
3         <dependency>
4            <groupId>org.springframework.cloud</groupId>
             <artifactId>spring-cloud-dependencies</artifactId>
5            <version>Brixton.SR5</version>
6            <type>pom</type>
7            <scope>import</scope>
8         </dependency>
9      </dependencies>
10  </dependencyManagement>
11  <dependencies>
12     <dependency>
13        <groupId>org.springframework.boot</groupId>
14        <artifactId>spring-boot-starter-web</artifactId>
15        <version>1.5.4.RELEASE</version>
16     </dependency>
17     <dependency>
18        <groupId>org.springframework.cloud</groupId>
19        <artifactId>spring-cloud-starter-eureka</artifactId>
20     </dependency>
```

```
21     </dependencies>
```

第二步，在 application.yml 里编写针对服务提供者的配置信息，代码如下：

```
1   server:
2     port: 1111
3   spring:
4     application:
5       name: sayHello
6   eureka:
7     client:
8       serviceUrl:
9         defaultZone: http://localhost:8888/eureka/
```

从第 2 行里，我们能看到本服务将启用 1111 号端口；在第 5 行中，我们指定了本服务的名字，叫 sayHello；在第 9 行中，我们把本服务注册到了 Eureka 服务端，也就是注册中心里。

第三步，在 Controller.java 里编写控制器部分的代码，在其中实现对外的服务。

```
1   //省略必要的 package 和 import 代码
2   @RestController //说明这是一个控制器
3   public class Controller {
4       @Autowired //描述 Eureka 客户端信息的类
5       private DiscoveryClient eurekaClient;
6       @RequestMapping(value = "/hello/{username}",
        method = RequestMethod.GET )
7       public String hello(@PathVariable("username") String username) {
8           ServiceInstance inst = eurekaClient.getLocalServiceInstance();
9           //输出服务相关的信息
10          System.out.println("host is:" + inst.getHost());
11          System.out.println("port is:" + inst.getPort());
12          System.out.println("ServiceID is:" + inst.getServiceId() );
13          System.out.println("url path is:" + inst.getUri().getPath());
14          //返回字符串
15          return "hello " + username;
16      }
17  }
```

我们通过第 6 行和第 7 行的代码指定了能触发 hello 方法的 url 格式，在这个方法里，我们首先通过第 10~13 行的代码输出了主机名、端口号和 ServiceID 等信息，并在第 15 行里返回了一个字符串。

第四步，编写 Spring Boot 的启动类 ServiceProviderApp.java，代码如下：

```
1   //省略必要的 package 和 import 代码
2   @SpringBootApplication
3   @EnableEurekaClient
4   public class ServiceProviderApp {
5       public static void main( String[] args )
6       {
7         SpringApplication.run(ServiceProviderApp.class, args);
8       }
9   }
```

由于这是处于 Eureka 的客户端，因此加入第 3 行所示的注解，在 main 函数里，我们依然是通过 run 方法启动 Spring Boot 服务。

3.2.3 编写服务调用者的代码

启动 Eureka 服务器端的 RegisterApp.java 和服务提供者端的 ServiceProviderApp.java，在浏览器里输入"http://localhost:8888/"后，在 Eureka 的信息面板里能看到 SayHello 服务，如图 3.3 所示。

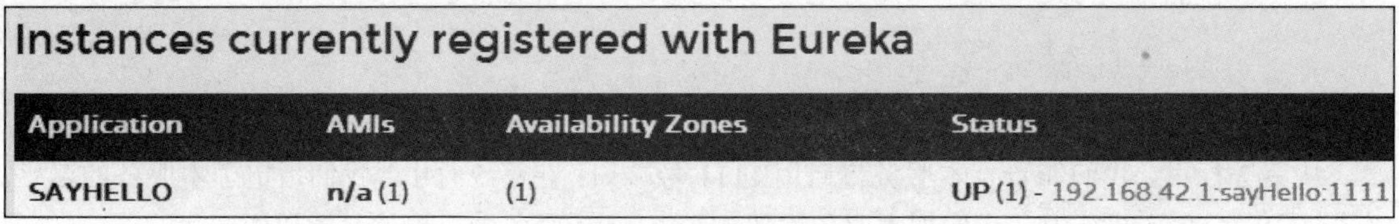

Instances currently registered with Eureka

Application	AMIs	Availability Zones	Status
SAYHELLO	n/a (1)	(1)	UP (1) - 192.168.42.1:sayHello:1111

图 3.3　在 Eureka 信息面板里能看到 SayHello 服务

这时在浏览器里输入"http://localhost:1111/hello/Mike"，就能直接调用服务，同时能在浏览器中看到"hello Mike"的输出。

不过在大多数的场景里，我们一般是在程序里调用服务，而不是简单地通过浏览器调用，在下面的 EurekaBasicDemo-ServiceCaller 项目里，我们将演示在 Eureka 客户端调用服务的步骤。

代码位置	视频位置
代码\第 3 章\EurekaBasicDemo-ServerCaller	视频\第 3 章\Eureka 服务调用端

第一步，在这个 Maven 项目里，编写如下的 pom.xml 配置，关键代码如下：

```
1   <dependencyManagement>
2       <dependencies>
3           <dependency>
4               <groupId>org.springframework.cloud</groupId>
                <artifactId>spring-cloud-dependencies</artifactId>
5               <version>Brixton.SR5</version>
6               <type>pom</type>
7               <scope>import</scope>
8           </dependency>
9       </dependencies>
10  </dependencyManagement>
11  <dependencies>
12      <dependency>
13          <groupId>org.springframework.boot</groupId>
14          <artifactId>spring-boot-starter-web</artifactId>
15          <version>1.5.4.RELEASE</version>
16      </dependency>
17      <dependency>
18          <groupId>org.springframework.cloud</groupId>
19          <artifactId>spring-cloud-starter-eureka</artifactId>
20      </dependency>
21      <dependency>
22          <groupId>org.springframework.cloud</groupId>
23          <artifactId>spring-cloud-starter-ribbon</artifactId>
24      </dependency>
25  </dependencies>
```

请大家注意，从第 21~24 行的代码里，我们需要引入 ribbon 的依赖包，通过它我们可以实现负载均衡，在后继章节里，我们将详细讲述负载均衡的实现方式。其他的依赖包，我们之前都已经见过，所以就不再解释了。

第二步，在 application.yml 里，编写针对本项目的配置信息，代码如下：

```
1    spring:
2      application:
3        name: callHello
4    server:
5      port: 8080
6    eureka:
7      client:
8        serviceUrl:
9          defaultZone: http://localhost:8888/eureka/
```

在第 3 行里，我们指定了本服务的名字叫 callHello。在第 5 行里，我们指定了本服务是运行在 8080 端口。在第 9 行里，我们把本服务注册到 Eureka 服务器上。

第三步，编写提供服务的控制器类，在其中调用服务提供者提供的服务，代码如下：

```
1    //省略必要的 package 和 import 代码
2    @RestController
3    @Configuration
4    public class Controller {
5        @Bean
6        @LoadBalanced
7        public RestTemplate getRestTemplate()
8        {
9          return new RestTemplate();
10       }
11       @RequestMapping(value = "/hello", method = RequestMethod.GET  )
12       public String hello() {
13           RestTemplate template = getRestTemplate();
14           String retVal = template.getForEntity("http://sayHello/hello/
             Eureka", String.class).getBody();
15           return "In Caller, " + retVal;
16       }
17   }
```

在第 7 行的 getRestTemplate 方法上，我们启动了 @LoadBalanced（负载均衡）的注解。

关于负载均衡的细节将在后面章节里详细描述，这里我们引入 @LoadBalanced 注解的原因是，RestTemplate 类型的对象本身不具备调用远程服务的能力，如果我们去掉这个注解，程序未必能跑通。只有当我们引入该注解，该方法所返回的对象才能具备调用远程服务的能力。

在提供服务的第 12~16 行的 hello 方法里，我们通过第 14 行的代码，用 RestTemplate 类型对象的 getForEntity 方法调用服务提供者 sayHello 提供的 hello 方法。这里我们通过 http://sayHello/hello/Eureka 这个 url 去发现并调用对应的服务。在这个 url 里，只包含了服务名 sayHello，并没有包含服务所在的主机名和端口号。从中我们能看出，该 url 其实是通过注册中心定位到 sayHello 服务的物理位置的。至于这个 url 和该服务物理位置的绑定关系，是在 Eureka 内部实现的，这也是 Eureka 可以被称作"服务发现框架"的原因。

第四步，在 ServiceCallerApp.java 方法里，编写启动本服务的代码。这我们已经很熟悉了，所以就不再讲述了。

```
1   //省略必要的package 和 import 代码
2   @EnableDiscoveryClient
3   @SpringBootApplication
4   public class ServiceCallerApp
5   {
6       public static void main( String[] args )
7       {
8           SpringApplication.run(ServiceCallerApp.class, args);
9       }
10  }
```

3.2.4 通过服务调用者调用服务

当我们依次启动 Eureka 服务器（也就是注册中心）、服务提供者和服务调用者的 Spring Boot
启动程序后，在浏览器里输入"http://localhost:8888/"后，能在信息面板里看到两个服务，分别是
服务提供者 sayHello 和服务调用者 callHello，如图 3.4 所示。

Instances currently registered with Eureka

Application	AMIs	Availability Zones	Status
CALLHELLO	n/a (1)	(1)	UP (1) - 192.168.42.1:callHello:8080
SAYHELLO	n/a (1)	(1)	UP (1) - 192.168.42.1:sayHello:1111

图 3.4 在 Eureka 信息面板里能看到两个服务

由于服务调用者运行在 8080 端口上，如果我们在浏览器里输入"http://localhost:8080/hello"，
能看到在浏览器中输出"In Caller, hello Eureka"，就说明它确实已经调用了服务提供者 sayHello
里的 hello 方法。

此外，我们还能在服务提供者所在的控制台里看到 host、port 和 ServiceID 的输出，如图 3.5
所示。这能进一步验证服务提供者控制器类里的 hello 方法被服务调用者调用了。

```
ServiceProviderApp (14) [Java App
2018-02-18 13:41:10.125
2018-02-18 13:46:10.140
2018-02-18 13:51:10.140
2018-02-18 13:56:10.140
host is:192.168.42.1
port is:1111
ServiceID is:sayHello
2018-02-18 14:01:10.156
```

图 3.5 服务提供者代码的部分输出截图

3.3 实现高可用的 Eureka 集群

在上文里，我们演示了 Eureka 客户端调用服务的整个流程，这里我们将在架构上有所改进。大家可以想象一下，在上文的案例中，Eureka 注册中心只部署在一台机器上，这样一旦它出现问题，就会导致整个服务调用系统的崩溃，如果这种情况发生在生产环境上，后果是不堪设想的。

大家别以为这是危言耸听，在高并发的场景下（比如双十一的并发环境），这种情况发生的可能性不低。针对这种场景，这里我们将部署两台 Eureka 注册中心，彼此相互注册，以此搭建一个可用性比较高的 Eureka 集群。

代码位置	视频位置
代码\第 3 章\ ek-cluster-server 代码\第 3 章\ ek-cluster-server-backup 代码\第 3 章\ ek-cluster-ServiceProvider 代码\第 3 章\ ek-cluster-ServiceCaller	视频\第 3 章\搭建高可用的 Eureka 集群

3.3.1 集群的示意图

在这个集群里，我们将配置 2 台相互注册的 Eureka 服务器，这样一来，每台服务器都包含着对方的服务注册信息，相当于双机热备，同时服务提供者只需向其中的一个注册服务，如图 3.6 所示。

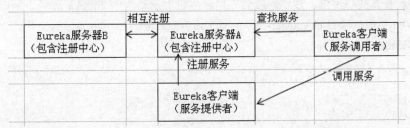

图 3.6 高可用 Eureka 集群示意图

这样，如果服务器 A 或 B 宕机，那么另一台服务器依然可以向外部提供服务列表，服务调用者依然可以据此调用服务。

在并发要求更高的环境里，我们甚至可以搭建 2 台以上的服务器，不过事实上，双机热备的集群能满足大多数的场景：一方面，不是每个系统的并发量都很高，所以双机热备足以满足大多数的并发需求；另一方面，毕竟两台服务器同时宕机的可能性也不大。

3.3.2 编写相互注册的服务器端代码

这里为了演示方便，我们在一台机器上模拟双服务器的场景，在真实项目里，我们一般是把两个相互注册的服务器安装在两台主机上，因为如果只安装在一台上，那么该服务器发生故障，两个服务器都会失效。具体的实现步骤如下。

步骤01 到 C:\WINDOWS\system32\drivers\etc 目录里，找到 hosts 文件，在其中加入两个机器名（其实都是指向本机），代码如下。修改后，需要重启机器。

```
1    127.0.0.1        ekServer1
2    127.0.0.1        ekServer2
```

步骤02 创建 ek-cluster-server 项目，其实是根据 3.2.1 小节里的 EurekaBasicDemo-Server 项目改写而来。和之前的项目相比，我们只改动了 application.yml 文件，代码如下：

```
1    server:
2      port: 8888
3    spring:
4      application:
5        name: ekServer1
6    eureka:
7      instance:
8        hostname: ekServer1
9      client:
10       serviceUrl:
11        defaultZone: http://ekServer2:8889/eureka/
```

这里的端口号没变，依然是 8888，但我们在第 5 行把项目名修改成了 ekServer1；在第 8 行里，把提供服务的主机名也修改成 ekServer1；在第 11 行里，我们指定了本服务所在的 url，这里请注意，我们把 ekServer1 所在的 serverUrl 指定到 ekServer2 的 8889 端口上，也就是说，这里我们指定 ekServer1 向 ekServer2 注册。

步骤03 在真实项目里，我们一般会在两台主机上启动两个 Eureka 服务，所以这里我们再创建一个 Maven 类型的项目 ek-cluster-server-backup，和之前的 ek-cluster-server 相比，它们的差别还是在于 application.yml，代码如下：

```
1    server:
2      port: 8889
3    spring:
4      application:
5        name: ekServer2
6    eureka:
7      instance:
8        hostname: ekServer2
9      client:
10       serviceUrl:
11        defaultZone: http://ekServer1:8888/eureka/
```

这里的配置信息其实和刚才的是对偶的，这里的 application 名和主机名都叫 ekServer2，不过请注意第 11 行，这里的 serviceUrl 是注册到 ekServer1 的 8888 端口上，这里我们同样指定 ekServer2 向 ekServer1 注册。结合上文，至此我们实现了双服务器之间的相互注册。

3.3.3　服务提供者只需向其中一台服务器注册

虽然在集群里搭建了两台服务器，但是服务提供者只需向其中的一台注册即可，否则高可用的便利性就会以牺牲代码可维护性为代价了。

这里我们是在 ek-cluster-ServiceProvider 项目编写服务提供程序，它是根据上文 3.2.2 小节里的项目 EurekaBasicDemo-ServerProvider 改写而来的，其中只修改了 application.yml 部分的代码。

```
1   server:
2     port: 1111
3   spring:
4     application:
5       name: sayHello
6   eureka:
7     client:
8       serviceUrl:
9         defaultZone: http://ekServer1:8888/eureka/
```

我们只改动了第 9 行的代码，这说明本服务是向 ekServer1 的 8888 号端口注册。

由于这里两个 Eureka 服务器是相互注册的，因此本服务提供者无须同时向两个服务器注册，一旦向 ekServer1 注册后，该服务器就会自动把服务提供者的信息复制到 ekServer2 上。

3.3.4　修改服务调用者的代码

我们把服务调用者的代码放入 ek-cluster-ServiceCaller 这个 Maven 项目里，这是根据之前 3.2.3 小节里的 EurekaBasicDemo-ServerCaller 项目改写而来的。其中，我们也只修改 application.yml 代码。

```
1   spring:
2     application:
3       name: callHello
4   server:
5     port: 8080
6   eureka:
7     client:
8       serviceUrl:
9         defaultZone: http://ekServer1:8888/eureka/
```

改动点还是在第 9 行上，这里是向 ekServer1 服务器的 8888 号端口注册。同理，这里也无须向另外一个机器（ekServer2）注册。

3.3.5　正常场景下的运行效果

按如下次序启动 4 个项目的 Spring Boot 服务。

第一，ek-cluster-server（第一个 Eureka 服务器）。

第二，ek-cluster-server-backup（第二个 Eureka 服务器）。

第三，ek-cluster-ServiceProvider（服务提供者）。

第四，ek-cluster-ServiceCaller（服务调用者）。

随后，大家能在 http://ekserver1:8888/ 和 http://ekserver2:8889/ 两个浏览器上看到如图 3.7 所示

的 4 个可用服务。由于是相互注册，因此它们的内容是一样的。

Instances currently registered with Eureka			
Application	**AMIs**	**Availability Zones**	**Status**
CALLHELLO	n/a (1)	(1)	UP (1) - 192.168.42.1:callHello:8080
EKSERVER1	n/a (1)	(1)	UP (1) - 192.168.42.1:ekServer1:8888
EKSERVER2	n/a (1)	(1)	UP (1) - 192.168.42.1:ekServer2:8889
SAYHELLO	n/a (1)	(1)	UP (1) - 192.168.42.1:sayHello:1111

图 3.7　集群运行后的效果图

虽然这里我们也可以通过 http://localhost:8888/ 和 http://localhost:8889/ 看到相同的效果，但是不推荐。这是因为，在真实的项目里，Eureka 的服务器应该是和开发机器分开的，也就是说它们应该被部署在其他机器上，只不过这里我们为了演示方便，把它们都放在了本机中。

当我们确认服务启动后，可以在浏览器里输入 "http://ekserver1:8080/hello" 来查看服务调用的效果，这里其实触发了 ek-cluster-ServiceCaller 中 Controller 里的 hello 方法。

和之前一样，这里的输出还是 "In Caller, hello Eureka"，这说明双机热备的 Eureka 架构至少不会影响基本的功能。同样，这里不建议通过 http://localhost:8080/hello 来查看运行效果。

3.3.6　一台服务器宕机后的运行效果

这里我们可以故意关闭 ek-cluster-server 服务，以此来模拟一台服务器宕机的情况。

关闭后，我们在浏览器里输入 "http://ekserver1:8080/hello"，虽然我们在服务提供者和服务调用者的 application.yml 里指定的 serviceUrl.defaultZone 都是 http://ekServer1:8888/eureka/，但是在一台 Eureka 服务器失效的情况下，我们依然能看到正确的结果，如图 3.8 所示。

图 3.8　一台 Eureka 服务器宕机后的效果图

如果在刚才关闭的是 ek-cluster-server-backup，让 ek-cluster-server 运行，这里我们还是能看到同样的效果。也就是说，在这个 Eureka 双服务器的集群里，一台服务器宕机后，整个服务体系依然可用，这就大大提升了系统的可用性。

3.4　Eureka 的常用配置信息

这里我们将讲述查看 Eureka 客户端和服务器端配置信息的方法，并在此基础上讲述一些项目里常用的配置参数的用法。

3.4.1　查看客户端和服务器端的配置信息

在作者的机器上，本地仓库在 C:\Documents and Settings\Administrator\.m2\中，所以之后的叙述就以此为准，大家可以对应地找到自己 Maven 的本地仓库。

在 ~./.m2\repository\org\springframework\cloud\spring-cloud-netflix-eureka-client\1.3.1.RELEASE 这个目录里，可以看到 spring-cloud-netflix-eureka-client-1.3.1.RELEASE.jar 文件，在大家的机器上，也能找到版本号相同或不同的这个 jar 包。

解开这个 jar 文件，能在 META-INF 目录里找到 spring-configuration-metadata.json，在其中就用 json 格式的文件记录了所有的 Eureka 客户端的配置信息，我们来看一下部分代码。

```
1    {
2        "sourceType": "org.springframework.cloud.netflix.eureka.
         EurekaClientConfigBean",
3        "defaultValue": false,
4        "name": "eureka.client.allow-redirects",
5        "description": 省略关于该属性的描述,
6        "type": "java.lang.Boolean"
7    }
```

在第 4 行中，我们能看到该属性的名字，即 eureka.client.allow-redirects；第 2 行代码定义了该属性所在的类名；在第 3 行代码定义了该属性的默认值；第 6 行定义了该属性的类型。

同样的，在作者机器上也存在着 spring-cloud-netflix-eureka-server-1.3.1.RELEASE.jar 这个文件，解开它之后，在 META-INF 目录里能看到 spring-configuration-metadata.json，在其中包含着服务器端的所有配置信息。

3.4.2　设置心跳检测的时间周期

Eureka 客户端会定时向服务器端发送心跳，以此证明该站点可用，这个值默认是 30 秒，在实际应用里，我们可以通过修改 eureka.instance.lease-renewal-interval-in-seconds 属性来改变这个值。具体的做法是，在客户端的 application.yml 里，添加如下部分的代码。

```
1    eureka:
2      instance:
3        lease-renewal-interval-in-seconds: 60
```

关于心跳，还有另外一个 lease-expiration-duration-in-seconds 属性，默认是 90 秒，这说明如果服务器端有 90 秒没收到客户端的心跳，就会把它从服务列表里删除。

3.4.3　设置自我保护模式

在 Eureka 服务器端，我们能看到 eureka.server.enable-self-preservation 参数，用它可以指定是否启动保护模式，默认值是 true。

从上文中我们已经知道，如果 Eureka 服务端在一定的时间段内没有接收到某个客户端服务提供者实例的心跳，那么 Eureka 服务端将注销该实例，这个时间段的默认值是 90 秒。

这样做能避免因服务不可用而导致的"错误扩展",从而能把错误的影响控制在一个较小的范围内。但现实中可能会发生这种情况:服务器端和客户端之间联系不上不是因为客户端服务不可用,而是因为当前网络确实有故障(服务提供者本身没问题),这时就不应当注销服务了。

Eureka 服务器能通过"自我保护模式"来处理这类问题,根据官方文档,如果在 15 分钟内,超过 85%的客户端实例都没有发来正常的心跳,那么 Eureka 服务器就认为出现了网络故障,这时就会进入自我保护模式。

进入该模式后,Eureka Server 就会保护服务注册表中的信息,不再继续删除注册中心里的服务列表数据。当网络故障恢复后,就会自动退出自我保护模式。

从上述描述来看,自我保护模式能提升 Eureka 集群的健壮性,所以如果没有特殊的情况,不建议通过把 eureka.server.enable-self-preservation 设置成 false 来关闭自我保护模式。

3.4.4 其他常用配置信息

在表 3.1 里,我们归纳了在客户端常用的一些配置信息,它们一般是配置在 Eureka 客户端。

表 3.1 Eureka 客户端常用配置信息归纳表

参数值	描述
eureka.client.instance-info-replication-interval-seconds	实例变更后复制到 Eureka 服务器所需的时间间隔,默认为 30 秒
eureka.client.eureka-server-total-connections	Eureka 客户端所允许的所有 Eureka 服务器连接的总数,默认是 200。注意,这里指的是所有服务器
eureka.client.eureka-server-total-connections-per-host	Eureka 客户端所允许的 Eureka 单台服务器连接的总数,默认是 50。注意,这里指的是单台
eureka.client.register-with-eureka	该实例是否需要在 eureka 服务器上注册,默认是 true
eureka.client.eureka-connection-idle-timeout-seconds	申请服务的 HTTP 请求的最长等待时间,默认为 30 秒,如果 30 秒内该 HTTP 请求没有任何动作,就会自动断开连接
eureka.client.fetch-registry	是否获取 Eureka 服务器注册中心上的所有服务的注册信息,默认为 true

在表 3.2 里,我们归纳了在服务器端常用的一些配置信息,这些参数的影响面都比较大,所以没有特殊理由,不建议修改。同样的,服务端的参数一般都会用默认值,没事不会轻易修改。

表 3.2 Eureka 服务器端常用配置信息归纳表

参数值	描述
eureka.server.renewal-percent-threshold	开启自我保护模式的阈值因子,默认是 0.85,比如在 15 分钟内,有 85%的客户端服务不可用,则开启自我保护模式
eureka.server.renewal-threshold-update-interval-ms	关于自我保护模式中阈值更新的时间间隔,单位为毫秒
eureka.server.response-cache-auto-expiration-in-seconds	当 Eureka 服务器的注册中心里的服务信息发生时,其被保存在缓存中不失效的时间,默认 180 秒

3.5　本章小结

在这个章节里，我们不仅学习了 Eureka 各部分组件的基本用法，更了解了在项目里搭建 Eureka 架构的基本步骤。从本章给出的架构案例中，我们能看到，高可用的架构确实能降低系统因宕机而造成的风险。换句话说，大家从这个章节里已经开始接触架构师所需要的技能点。

这只是一个开始，在本书的后继章节里，还将进一步讲解其他诸如"负载均衡"之类的和架构相关的知识点。大家在后继的学习中，除了得了解其他相关组件的用法之外，还得留意"集群"和"架构"方面的知识点。当然，遇到这样比较"值钱"的知识点，作者会给出提示，以引起大家的重视。

第4章

负载均衡组件：Ribbon

在一些高并发的分布式系统里，往往会用多台服务器搭建成集群，以此来均衡系统访问量，对此大家可以参考第 3 章 Eureka 的例子。但即使搭建集群，如果不做任何配置，系统依然无法把流量有效地分摊到各服务器上。

负载均衡可以在硬件层和软件层实现，对于一些有分布式需求但并发量不是特别高的系统而言，用软件层的即可。在 Spring Cloud 的诸多组件里，Ribbon 能提供负载均衡的功能，事实上，它足以满足大多数系统的负载均衡需求。

4.1　网络协议和负载均衡

虽然说 Spring Cloud 里的 Ribbon 组件向大家屏蔽了在网络协议层面的实现细节，但如果大家了解了这些细节，就将会更好地了解负载均衡的实现原理。而且，对于资深架构师而言，可能不仅仅限于现有的负载均衡组件（比如 Ribbon），更得结合诸多组件的优势创建一套适合本项目的实现方案，这就更得对底层的网络协议有深刻的了解了。

4.1.1　基于 4 层和 7 层的负载均衡策略

所有的负载均衡硬件或软件都是作用在网络通信协议之上的，当前我们的网络是运行在如图 4.1 所示的 OSI 七层网络协议之上的。

从上往下分别是应用层、表示层、会话层、传输层、网络层、数据链路层和物理层，其中，我们比较熟悉的 TCP/IP 或 UDP 协议工作在第 4 层，即传输层；而 HTTP、FTP、Telnet 和 SMTP 等常用的协议则是在第 7 层，即物理层。

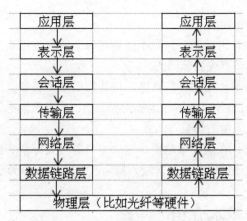

图 4.1　OSI 七层网络协议结构图

一般来讲，负载均衡主要有 4 层交换（L4 switch）和 7 层交换（L7 switch）之分，这些术语是针对上述网络协议而言的，具体而言，是指在进行负载均衡时是在第 4 层还是在第 7 层转发请求。

针对 4 层的负载均衡策略是基于 TCP/IP 协议来实现的，比如可以根据 IP 地址和端口号决定转发的规则；针对 7 层的策略可以根据请求中基于 HTTP 协议的信息来转发，比如可以根据 HTTP 信息头里包含的操作系统类型来进行转发。

从应用角度来看，基于 4 层和 7 层的负载均衡技术最大的差别在于功能与效率。基于 4 层的方案由于无须解析基于应用层的消息内容，因此简单高效；基于 7 层的方案则能根据具体的业务场景来进行分发，所以功能比较强大，但代价比较昂贵。所以在选用时，其实没有优劣之分，还得根据具体的需求场景来综合考虑。

4.1.2　硬件层和软件层的负载均衡方案比较

硬件方面的解决方案一般是指在服务器和网络之间配置负载均衡器，让专门的硬件设备完成分发流量的任务。在这种解决方案里，我们可以给负载均衡器配置针对项目的专有负载均衡策略，从而达到很好的效果。相比软件层的解决方案，负载均衡器效果较好，但价格比较高。

基于软件的负载均衡是指在一台或多台服务器上安装专门的软件来实现均衡流量的效果。一般来说，它的成本比较低廉，所以能根据实际需求增加或更改负载均衡机器的数量，但同能的情况下，效果没有硬件来的好。

在大多数的应用场景里，对负载均衡要求不会特别高，所以说，基于软件的方案足以满足大多数的需求。

常见的硬件负载均衡器有思科和 BIG-IP 系列产品。常见的负载均衡软件有 LVS 和 Nginx，其中 LVS 工作在 4 层，而 Nginx 则可以工作在 7 层。

4.1.3　常见的软件负载均衡策略

一般来说，负载均衡软件会用如下 4 种策略来把请求分派到集群中的服务器上。

第一，轮询策略。这种策略的原理非常简单，把请求依次派发到服务器节点上，这适用于各个服务节处理请求的能力都相同的场景。

第二，随机策略。这与轮询相似，只是不需要对每个请求进行编号，每次随机取一个。同样地，该策略也将每个服务器节点视为等同的。

第三，最小响应时间策略。在这种策略里，将计算出每个服务节点的平均响应时间，以此来选择响应时间最小的服务器。该策略能较好地根据服务器的情况做动态调整，但时间上会有些延后，可能无法更好地适应高并发流量的场景。

第四，最小并发数策略。在这种策略里，记录了当前时刻每个节点正在处理的请求数量，然后选择并发数最小的节点。该策略实现起来较为复杂，但能合理地分配负载。

4.1.4　Ribbon 组件基本介绍

Ribbon 是 Spring Cloud Netflix 全家桶中负责负载均衡的组件，是一组类库的集合。通过 Ribbon，程序员能在不涉及具体实现细节的基础上"透明"地用到负载均衡，而不必在项目里过多地编写实现负载均衡的代码。

比如，在某个包含 Eureka 和 Ribbon 的集群中，某个服务（可以理解成一个 jar 包）被部署在多台服务器上，当多个服务使用者同时调用该服务时，这些并发的请求能被用一种合理的策略转发到各台服务器上。

事实上，在使用 Spring Cloud 的其他各种组件时，我们都能看到 Ribbon 的痕迹，比如 Eureka 能和 Ribbon 整合，而在后文里将提到的提供网关功能 Zuul 组件在转发请求时，也可以整合 Ribbon，从而达到负载均衡的效果。

从代码层面来看，Ribbon 有如下 3 个比较重要的接口。

第一，IloadBalancer。这也叫负载均衡器，通过它，我们能在项目里根据特定的规则合理地转发请求。ILoadBalancer 是一个接口，常见的实现类有 BaseLoadBalancer。

第二，IRule。这个接口有多个实现类，比如 RandomRule 和 RoundRobinRule，这些实现类具体地定义了诸如"随机"和"轮询"等的负载均衡策略。此外，我们还能重写该接口里的方法来自定义负载均衡的策略。

第三，IPing 接口。通过该接口，我们能获取到当前哪些服务器是可用的，也能通过重写该接口里的方法来自定义判断服务器是否可用的规则。

当然，还有 ServerList、ServerListFilter、ServerListUpdate 和 DynamicServerListLoadbalancer 等其他接口和类，不能说它们不重要，但它们比较偏重于底层实现，在一般项目里出现的概率不高，所以在本章中不会详细讲述它们。

4.2　编写基本的负载均衡程序

虽然在实际项目里，Ribbon 经常是和其他组件配套使用的，但在这里，为了让大家感性地体会到负载均衡的实际效果和开发方式，所以在这里将基于 Ribbon 独立地实现负载均衡功能。

4.2.1　编写服务器端的代码

在 3.3 节里，我们编写了高可用的 Eureka 集群，启动后能以如下两个不同的 url 形式向外界提供服务。

```
1    http://ekserver1:8080/hello
2    http://ekserver2:8080/hello
```

大家可以把它们想象成是两个不同的服务器，当外部的请求较频繁时，我们可以把请求分发到这两台服务器上，以提升系统处理高并发请求的能力，如图 4.2 所示。

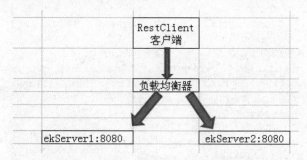

图 4.2　第一个负载均衡代码的示意图

4.2.2　编写客户端调用的代码

代码位置	视频位置
代码\第 4 章\RabbionBasicDemo	视频\第 4 章\负载均衡基础案例分析

步骤01　创建名为 RabbionBasicDemo 的 Maven 项目，在其中的 pom.xml 里，编写 Ribbon 的依赖包，关键代码如下：

```
1    <groupId>com.springboot</groupId>
2    <artifactId>RabbionBasicDemo</artifactId>
3    <version>0.0.1-SNAPSHOT</version>
4    <packaging>jar</packaging>
5    <dependencies>
6      <dependency>
7            <groupId>com.netflix.ribbon</groupId>
8            <artifactId>ribbon-core</artifactId>
9            <version>2.2.0</version>
10     </dependency>
11     <dependency>
12           <groupId>com.netflix.ribbon</groupId>
13           <artifactId>ribbon-httpclient</artifactId>
14           <version>2.2.0</version>
15     </dependency>
16     省略非关键的代码
17   </dependencies>
```

在第 2~4 行里，我们定义了该项目的名字、所用版本号以及打包方式等关键信息。在第 6~10 行里，我们引入了 Ribbon-Core 模块，在其中包含了负载均衡器等关键接口和 API 的定义。在第

11~15 行中，我们引入了 ribbon-httpclient 模块，在该模块里提供了包含负载均衡功能的 HTTP 客户端的调用方法。

步骤02 编写基于负载均衡策略的客户端调用类 RibbonDemo.java，代码如下。

```
1    //省略必要的 package 和 import 方法
2    public class RibbonDemo{
3        public static void main( String[] args ) throws Exception
4        {
5            //定义基于 Rest 的客户端
6            RestClient client = (RestClient)ClientFactory.getNamedClient
             ("RibbonDemo");
7            HttpRequest request = HttpRequest.newBuilder().uri(new
             URI("/hello")).build();
8            //设置负载均衡的属性
9            ConfigurationManager.getConfigInstance().setProperty("RibbonDemo.
             ribbon.listOfServers", "ekserver1:8080,ekserver2:8080");
10           //为了避免频繁访问而导致的服务失效，睡眠 3 秒
11           Thread.sleep(5000);
12           //向 2 个服务器发出调用 10 次的请求
13           for(int i = 0; i < 10; i ++) {
14               HttpResponse response =
                 client.executeWithLoadBalancer(request);
15               //输出每次访问的状态，其中包含访问的服务器
16               System.out.println("Status for URI:" + response.getRequestedURI()
                 + " is :" + response.getStatus());
17               //输出返回结果
18               System.out.println("Result is:" +
                 response.getEntity(String.class));
19           }
20       }
21   }
```

在第 6 行里，我们通过工厂模式生成了一个 RestClient 类型的 client 类，通过这个类提供的 executeWithLoadBalancer 方法，我们可以把请求平摊到两台服务器上。在第 7 行里，我们创建了一个 HttpRequest 类型的 request 请求，通过 request 对象定义 url 请求的后缀是"/hello"。

在第 9 行里，我们通过 RibbonDemo.ribbon.listOfServers 这个属性设置了两台可供负载均衡选择的服务器，它们分别指向了注册到 Eureka 服务器能提供服务的两个地址。在实际的项目里，可以把这两台服务器的地址写入配置文件里。

为了更好地演示负载均衡的效果，我们在第 11 行里让线程睡眠 5 秒。在第 13~19 行的 for 循环里，我们发起了 10 次请求调用。具体而言，在第 14 行，通过 client 的 executeWithLoadBalancer 方法，以负载均衡的方式向 ekserver1:8080/hello 和 ekserver2:8080/hello 发起请求，并用 response 对象来接收返回结果。之后，在第 16 行，我们输出了返回状态，均是 200，表示正常访问，在第 18 行，我们输出了调用服务的结果。

如果大家在自己机器上运行这段代码，就会发现 for 循环里的请求被分摊到两个服务器上，而不是让某台服务器过多地承担。如果把循环次数修改成 100 次，那么能更清晰地看到这个效果。

4.3　Ribbon 中重要组件的用法

在之前的案例中，我们用 RestClient 对象的 executeWithLoadBalancer 方法实现了基本的负载均衡功能。事实上，通过 Ribbon 提供的组件，我们能更好地实现负载均衡的效果。这里我们将依次讲述它的各种重要组件。

4.3.1　ILoadBalancer：负载均衡器接口

在前文里，我们通过 RestClient 类型对象的 executeWithLoadBalancer 方法来实现基于负载均衡的请求的调用，在 Ribbon 里，我们还可以通过 ILoadBalancer 这个接口以基于特定的负载均衡策略来选择服务器。

通过下面的 ILoadBalancerDemo.java，我们来看一下这个接口的基本用法。这个类放在 4.2 节创建的 RabbionBasicDemo 项目里，代码如下：

```
1   //省略必要的 package 和 import 代码
2   public class ILoadBalancerDemo {
3      public static void main(String[] args){
4         //创建 ILoadBalancer 的对象
5         ILoadBalancer loadBalancer = new BaseLoadBalancer();
6         //定义一个服务器列表
7         List<Server> myServers = new ArrayList<Server>();
8         //创建两个 Server 对象
9         Server s1 = new Server("ekserver1",8080);
10        Server s2 = new Server("ekserver2",8080);
11        //两个 server 对象放入 List 类型的 myServers 对象里
12        myServers.add(s1);
13        myServers.add(s2);
14        //把 myServers 放入负载均衡器
15        loadBalancer.addServers(myServers);
16        //在 for 循环里发起 10 次调用
17        for(int i=0;i<10;i++){
18           //用基于默认的负载均衡规则获得 Server 类型的对象
19           Server s = loadBalancer.chooseServer("default");
20           //输出 IP 地址和端口号
21           System.out.println(s.getHost() + ":" + s.getPort());
22        }
23     }
24  }
```

在第 5 行里，我们创建了 BaseLoadBalancer 类型的 loadBalancer 对象，而 BaseLoadBalancer 是负载均衡器 ILoadBalancer 接口的实现类。

在第 6～13 行里，我们创建了两个 Server 类型的对象，并把它们放入 myServers 里。在第 15 行里，我们把 List 类型的 myServers 对象放入了负载均衡器里。

在第 17～22 行的 for 循环里，我们通过负载均衡器模拟了 10 次选择服务器的动作。具体而言，在第 19 行里，通过 loadBalancer 的 chooseServer 方法以默认的负载均衡规则选择服务器；在第 21 行里，用"打印"这个动作来模拟实际的"使用 Server 对象处理请求"的动作。

上述代码的运行结果如下所示，loadBalancer 这个负载均衡器把 10 次请求均摊到了两台服务器上，从中确实能看到 "负载均衡"的效果。

```
1   ekserver2:8080
2   ekserver1:8080
3   ekserver2:8080
4   ekserver1:8080
5   ekserver2:8080
6   ekserver1:8080
7   ekserver2:8080
8   ekserver1:8080
9   ekserver2:8080
10  ekserver1:8080
```

4.3.2　IRule：定义负载均衡规则的接口

在上文里我们提到了负载均衡的一些规则，在 Ribbon 里，我们可以通过定义 IRule 接口的实现类来给负载均衡器设置相应的规则。在表 4.1 里，我们能看到 IRule 接口的一些常用的实现类。

表 4.1　IRule 的实现类归纳表

实现类的名字	负载均衡的规则
RandomRule	采用随机选择的策略
RoundRobinRule	采用轮询策略
RetryRule	采用该策略时，会包含重试动作
AvailabilityFilterRule	会过滤一些多次连接失败和请求并发数过高的服务器
WeightedResponseTimeRule	根据平均响应时间为每个服务器设置一个权重，根据该权重值优先选择平均响应时间较小的服务器
ZoneAvoidanceRule	优先把请求分配到和该请求具有相同区域（Zone）的服务器上

在下面的 IRuleDemo.java 的程序里，我们来看一下 IRule 的基本用法。同样，这个类是放在项目里的。

```
1    //省略必要的 package 和 import 代码
2    public class IRuleDemo {
3      public static void main(String[] args){
4        //请注意这时用到的是 BaseLoadBalancer，而不是 ILoadBalancer 接口
5        BaseLoadBalancer loadBalancer = new BaseLoadBalancer();
6        //声明基于轮询的负载均衡策略
7        IRule rule = new RoundRobinRule();
8        //在负载均衡器里设置策略
9        loadBalancer.setRule(rule);
10       //如下定义 3 个 Server，并把它们放入 List 类型的集合中
11       List<Server> myServers = new ArrayList<Server>();
12       Server s1 = new Server("ekserver1",8080);
13       Server s2 = new Server("ekserver2",8080);
14       Server s3 = new Server("ekserver3",8080);
```

```
15          myServers.add(s1);
16          myServers.add(s2);
17          myServers.add(s3);
18          //在负载均衡器里设置服务器的 List
19          loadBalancer.addServers(myServers);
20          //输出负载均衡的结果
21          for(int i=0;i<10;i++){
22              Server s = loadBalancer.chooseServer(null);
23              System.out.println(s.getHost() + ":" + s.getPort());
24          }
25      }
26  }
```

这段代码和上文里的 ILoadBalancerDemo.java 很相似，但有如下的差别点。

（1）在第 5 行里，我们是通过 BaseLoadBalancer 这个类而不是接口来定义负载均衡器，原因是该类包含 setRule 方法。

（2）在第 7 行中，定义了一个基于轮询规则的 rule 对象，并在第 9 行里把它设置进负载均衡器。

（3）在第 19 行里，我们是把包含 3 个 Server 的 List 对象放入负载均衡器，而不是之前的两个。由于这里存粹是为了演示效果，因此我们放入了一个根本不存在的 "ekserver3" 服务器。

运行该程序后，我们可以看到有 10 次输出，而且确实是按 "轮询" 的规则有顺序地输出 3 个服务器的名字。如果我们把第 7 行改成如下代码，就会看到 "随机" 地输出服务器名。

```
1       IRule rule = new RandomRule();
```

4.3.3　IPing：判断服务器是否可用的接口

在项目里，我们　般会让 ILoadBalancer 接口自动地判断服务器是否可用（这些业务都封装在 Ribbon 的底层代码里）。此外，我们还可以用 Ribbon 组件里的 IPing 接口来实现这个功能。

在下面的 IRuleDemo.java 代码里，我们将演示 IPing 接口的一般用法。同样，这段代码也是在 RibbonBasisDemo 这个项目里。

```
1   //省略必要的 package 和 import 代码
2   class MyPing implements IPing {
3       public boolean isAlive(Server server) {
4           //如果服务器名是 ekserver2，则返回 false
5           if (server.getHost().equals("ekserver2")) {
6               return false;
7           }
8           return true;
9       }
10  }
```

第 2 行定义的 MyPing 类实现了 IPing 接口，并在第 3 行重写了其中的 isAlive 方法。

在这个方法里，我们根据服务器名来判断。具体而言，如果名字是 ekserver2，就返回 false，表示该服务器不可用；否则，返回 true，表示当前服务器可用。

```
11  public class IRuleDemo {
```

```
12      public static void main(String[] args) {
13          BaseLoadBalancer loadBalancer = new BaseLoadBalancer();
14          //定义 IPing 类型的 myPing 对象
15          IPing myPing = new MyPing();
16          //在负载均衡器里使用 myPing 对象
17          loadBalancer.setPing(myPing);
18          //同样是创建三个 Server 对象并放入负载均衡器
19          List<Server> myServers = new ArrayList<Server>();
20          Server s1 = new Server("ekserver1", 8080);
21          Server s2 = new Server("ekserver2", 8080);
22          Server s3 = new Server("ekserver3", 8080);
23          myServers.add(s1);
24          myServers.add(s2);
25          myServers.add(s3);
26          loadBalancer.addServers(myServers);
27          //通过 for 循环多次请求服务器
28          for (int i = 0; i < 10; i++) {
29              Server s = loadBalancer.chooseServer(null);
30              System.out.println(s.getHost() + ":" + s.getPort());
31          }
32      }
33  }
```

在第 12 行的 main 函数里，我们在第 15 行创建了 IPing 类型的 myPing 对象，并在第 17 行把这个对象放入了负载均衡器。通过第 18~26 行的代码，我们创建了 3 个服务器，并把它们也放入负载均衡器。

在第 28 行的 for 循环里，我们依然是请求并输出服务器名。由于这里的负载均衡器 loadBalancer 中包含了一个 IPing 类型的对象，因此在根据策略得到服务器后，会根据 myPing 里的 isActive 方法来判断该服务器是否可用。

由于在这个方法里我们定义了 ekServer2 这台服务器不可用，因此负载均衡器 loadBalancer 对象始终不会把请求发送到该服务器上，也就是说，在输出结果中，我们不会看到 "ekserver2:8080" 的输出。

从中我们能看到 IPing 接口的一般用法，我们可以通过重写其中的 isAlive 方法来定义 "判断服务器是否可用" 的逻辑。在实际项目里，判断的依据无非是 "服务器响应是否时间过长" 或 "发往该服务器的请求数是否过多"，而这些判断方法都封装在 IRule 接口以及它的实现类里，所以在一般的场景中我们会用到 IPing 接口。

4.4　Ribbon 整合 Eureka 组件

在上文里，我们分别讲述了 Ribbon 里实现负载均衡功能的相关重要组件，事实上，Ribbon 一般不会单独出现，往往是嵌在其他架构中。这里我们将演示 Ribbon 和 Eureka 配套使用的开发方式。

4.4.1　整体框架的说明

在第 3 章给出的 Eureka 的高可用案例中，我们就已经用到了 LoadBalanced 注解。回顾一下如图 4.3 所示的示意图，在这个案例中，我们配置了两台相互注册的 Eureka 服务器，但服务提供者只是配置在一台机器上，而不是用多台能提供服务的机器来分摊流量。

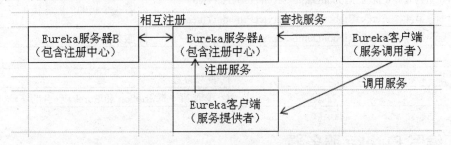

图 4.3　回顾第 3 章给出的高可用的 Eureka 框架的示意图

当时我们引入@LoadBalanced 注解的原因是，RestTemplate 类型的对象本身不具备调用远程服务的能力，也就是说，引入该注解的目的存粹是为了让代码跑通。

在本案例的框架里，我们将配置一个 Eureka 服务器，搭建 3 个提供相同服务的 Eureka 服务提供者，同时在 Eureka 服务调用者里引入 Ribbon 组件。这样，当有多个 url 向服务调用者发起调用请求时，整个框架能按配置在 IRule 和 IPing 中的"负载均衡策略"和"判断服务器是否可用的策略"把这些 url 请求合理地分摊到多台机器上。

从图 4.4 中，我们能看到本系统的结构图。其中，3 个服务提供者向 Eureka 服务器注册服务，而基于 Ribbon 的负载均衡器能有效地把请求分摊到不同的服务器上。

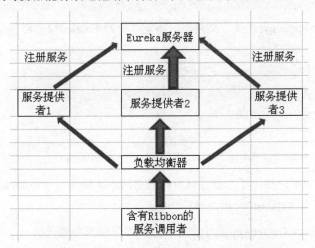

图 4.4　Eureka 和 Ribbon 整合后的结构图

为了让大家更方便地跑通这个案例，我们将讲解全部的服务器、服务提供者和服务调用者部分的代码。在表 4.2 中，列出了本架构中的所有项目。

表 4.2　Ribbon 整合 Eureka 案例中的项目列表

项目名	说明
代码\第 4 章\EurekaRibbonDemo-Server	Eureka 服务器
代码\第 4 章\EurekaRibbonDemo-ServiceProviderOne	在这 3 个项目里，分别部署
代码\第 4 章\EurekaRibbonDemo-ServiceProviderTwo	着一个相同的服务提供者
代码\第 4 章\EurekaRibbonDemo-ServiceProviderThree	
代码\第 4 章\EurekaRibbonDemo-ServiceCaller	服务调用者

代码位置	视频位置
见表 4.2	视频\第 4 章\Ribbon 和 Eureka 整合的案例

4.4.2　编写 Eureka 服务器

这部分的代码其实是沿用第 3 章 EurekaBasicDemo-Server 这个项目的，只是把项目名改成了 EurekaRibbonDemo-Server。在本书附带资料的相关位置中，大家能看到完整的代码。

步骤01　在 pom.xml 里编写本项目需要用到的依赖包，其中通过如下代码引入了 Eureka 服务器所必需的包。

```
1    <dependencies>
2      <dependency>
3        <groupId>org.springframework.cloud</groupId>
4        <artifactId>spring-cloud-starter-eureka-server</artifactId>
5      </dependency>
```

步骤02　在 application.yml 这个文件里，指定了针对 Eureka 服务器的配置，关键代码如下：

```
1    server:
2      port: 8888
3    eureka:
4      instance:
5        hostname: localhost
6      client:
7        serviceUrl:
8          defaultZone: http://localhost:8888/eureka/
```

在第 2 行和第 5 行里，指定了本服务器所在的主机地址和端口号是 localhost:8888。在第 8 行里，指定了默认的 url 是 http://localhost:8888/eureka/。

步骤03　在 RegisterCenterApp 这个服务启动程序里编写启动代码。

```
1    //省略必要的 package 和 import 代码
2    @EnableEurekaServer
3    @SpringBootApplication
4    public class RegisterCenterApp
5    {
6      public static void main( String[] args )
7      {
8        SpringApplication.run(RegisterCenterApp.class, args);
```

```
 9      }
10   }
```

启动该程序后，能在 http://localhost:8888/ 看到该服务器的相关信息。

4.4.3　编写 Eureka 服务提供者

这里有 3 个服务提供者，它们均是根据第 3 章里的 EurekaBasicDemo-ServiceProvider 改写而来。我们就拿 EurekaRibbonDemo-ServiceProviderOne 来举例，看一下其中包含的关键要素。

第一，同样是在 pom.xml 里，引入了服务提供者程序所需的 jar 包，不过在其中需要适当地修改项目名。

第二，同样是在 ServiceProviderApp.java 里，编写了启动程序，代码不变。

第三，在 application.yml 里，编写了针对这个服务提供者的配置信息。关键代码如下：

```
1   server:
2     port: 1111
3   spring:
4     application:
5       name: sayHello
6   eureka:
7     client:
8       serviceUrl:
9         defaultZone: http://localhost:8888/eureka/
```

在第 2 行里，指定了本服务是运行在 1111 端口上，在另外的两个服务提供者程序里，我们分别指定了它们的工作端口是 2222 和 3333。在第 5 行里，我们指定了服务提供者的名字是 sayHello，另外两个服务器提供者的名字同样是 sayHello，正因为它们的名字都一样，所以服务调用者在请求服务时，负载均衡组件才能有效地分摊流量。

第四，在 Controller 这个控制器类里，编写了处理 url 请求的逻辑。关键代码如下：

```
1   //省略了必要的 package 和 import 的代码
2   @RestController
3   public class Controller {
4       @RequestMapping(value = "/sayHello/{username}", method =
        RequestMethod.GET)
5       public String hello(@PathVariable("username") String username) {
6           System.out.println("This is ServerProvider1");
7           return "Hello Ribbon, this is Server1, my name is:" + username;
8       }
9   }
```

在第 2 行里，我们通过@RestController 注解来说明本类承担着"控制器"的角色。在第 4 行里，我们定义了触发 hello 方法的 url 格式和 HTTP 请求的方式。在第 5~8 行的 hello 方法里我们返回了一个字符串。请大家注意，在第 6 行和第 7 行的代码里，我们能明显地看出输出和返回信息来自于 1 号服务提供者。

EurekaRibbonDemo-ServiceProviderTwo 和 EurekaRibbonDemo-ServiceProviderOne 项目很相似，改动点有如下 3 个。

第一，在 pom.xml 里，把项目名修改成 EurekaRibbonDemo-ServiceProviderTwo。

第二，在 application.yml 里，把端口号修改成 2222。关键代码如下：

```
1   server:
2     port: 2222
```

第三，在 Controller.java 的 hello 方法里，在输出和返回信息里打上"Server2"的标记。关键代码如下：

```
1   @RequestMapping(value = "/sayHello/{username}", method =
    RequestMethod.GET  )
2     public String hello(@PathVariable("username") String username) {
3         System.out.println("This is ServerProvider2");
4         return "Hello Ribbon, this is Server2, my name is:" + username;
5       }
```

在 EurekaRibbonDemo-ServiceProviderThree 里，同样在 EurekaRibbonDemo-ServiceProviderOne 的基础上做上述 3 个改动。这里需要在 application.yml 里把端口号修改成 3333，在 Controller 类中需要在输出和返回信息中打上"Server3"的标记。大家可以到本书附带资料的相关位置查看本项目的全部代码。

4.4.4　在 Eureka 服务调用者里引入 Ribbon

EurekaRibbonDemo-ServiceCaller 项目是根据第 3 章的 EurekaBasicDemo-ServiceCaller 改写而来，其中的关键信息如下。

第一，在 pom.xml 里，只是适当地修改项目名字，没有修改其他代码。

第二，没有修改启动类 ServiceCallerApp.java 里的代码。

第三，在 application.yml 里，添加描述服务器列表的 listOfServers 属性，代码如下：

```
1   spring:
2     application:
3       name: callHello
4   server:
5     port: 8080
6   eureka:
7     client:
8       serviceUrl:
9         defaultZone: http://localhost:8888/eureka/
10  sayHello:
11    ribbon:
12      listOfServers:
13  http://localhost:1111/,http://localhost:2222/,http://localhost:3333
```

在第 3 行中，我们指定了服务调用者本身的服务名是 callHello，在第 5 行里，指定了这个微服务器运行在 8080 端口上。由于服务调用者本身也能对外界提供服务，因此外部程序能根据这个服务名和端口号以 url 的形式调用其中的 hello 方法。

这里的关键是第 12~13 行，我们通过 ribbon.listOfServers 指定了该服务调用者能获得服务的 3 个 url 地址。注意，这里的 3 个地址和上文里服务提供者发布服务的 3 个地址是一致的。

第四，在控制器类里，用 RestTemplate 对象，以负载均衡的方式调用服务，代码如下：

```
1   //省略必要的package和import的代码
2   @RestController
3   @Configuration
4   public class Controller {
5       @Bean
6       @LoadBalanced
7       public RestTemplate getRestTemplate()
8       { return new RestTemplate(); }
9       //提供服务的hello方法
10      @RequestMapping(value = "/hello", method = RequestMethod.GET  )
11      public String hello() {
12          RestTemplate template = getRestTemplate();
13          String retVal = template.getForEntity(
14           "http://sayHello/sayHello/Eureka", String.class).getBody();
14          return "In Caller, " + retVal;
15      }
16  }
```

在这个控制器类的第 7 行里，我们通过 getRestTemplate 方法返回一个 RestTemplate 类型对象。RestTemplate 是 Spring 提供的能以 Rest 形式访问服务的对象，本身不具备负载均衡的能力，所以我们需要在第 6 行通过@LoadBalanced 注解赋予它这个能力。

在第 11~15 行的 hello 方法里，我们首先在第 12 行通过 getRestTemplate 方法得到了 template 对象，随后通过第 13 行的代码用 template 对象提供的 getForEntity 方法访问之前 Eureka 服务提供者提供的 "http://sayHello/sayHello/Eureka" 服务，并得到 String 类型的结果，最后在第 14 行根据调用结果返回一个字符串。由于在框架里我们模拟了在 3 台机器上部署服务的场景，而在上述服务调用者的代码里我们又在 template 对象上加入了@LoadBalanced 注解，因此在第 13 行代码里发起的请求会被均摊到 3 台服务器上。

需要注意的是，这里我们没有重写 IRule 和 IPing 接口，所以这里采用的是默认的 RoundRobbin（也就是轮询）的访问策略，同时将默认所有的服务器都处于可用状态。

依次启动本框架中的 Eureka 服务器、3 台服务提供者和服务器调用者的服务之后，在浏览器里输入 "http://localhost:8888/"，我们能看到如图 4.5 所示的效果。其中，有 3 个提供服务的 SAYHELLO 应用实例，它们分别运行在 1111、2222 和 3333 端口上，同时服务调用者 CALLHELLO 运行在 8080 端口上。

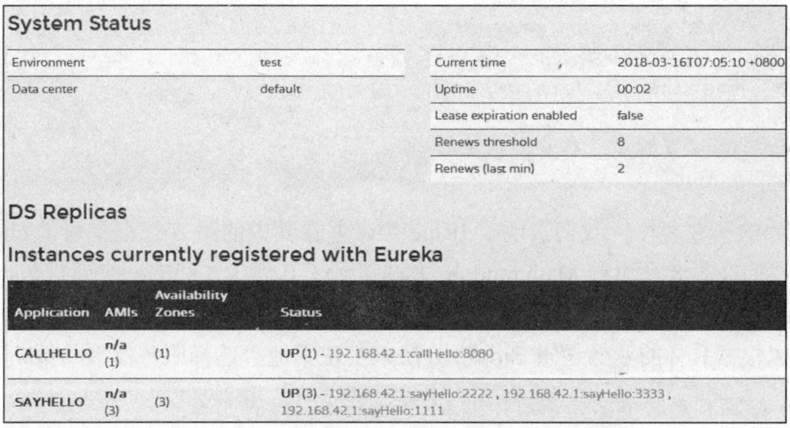

图 4.5 启动所有服务后在控制台中的效果图

如果我们不断在浏览器里输入 "http://localhost:8080/hello"，就能依次看到如下所示的输出。

```
1   In Caller, Hello Ribbon, this is Server2, my name is:Eureka
2   In Caller, Hello Ribbon, this is Server1, my name is:Eureka
3   In Caller, Hello Ribbon, this is Server3, my name is:Eureka
4   In Caller, Hello Ribbon, this is Server2, my name is:Eureka
5   In Caller, Hello Ribbon, this is Server1, my name is:Eureka
6   In Caller, Hello Ribbon, this is Server3, my name is:Eureka
7   …
```

从上述输出来看，请求是以 Server2、Server1 和 Server3 的次序被均摊到 3 台服务器上。在每次启动服务后，可能承接请求的服务器次序会有所变化，可能下次是按 Server1、Server2 和 Server3 的次序，但每次都能看到"负载均衡"的效果。

4.4.5 重写 IRule 和 IPing 接口

这里，我们将在上述案例的基础上重写 IRule 和 IPing 接口里的方法，从而实现自定义负载均衡和判断服务器是否可用的规则。

注　意
由于我们是在客户端，也就是 EurekaRibbonDemo-ServiceCaller 这个项目调用服务，因此本部分的所有代码都是写在这个项目里的。

步骤01 编写包含负载均衡规则的 MyRule.java，代码如下：

```
1   package com.controller; //请注意这个 package 路径
2   //省略必要的 import 语句
3   public class MyRule implements IRule {//实现 IRule 类
4       private ILoadBalancer lb;
5       //必须要重写这个 choose 方法
6       public Server choose(Object key) {
7           //得到 0 到 3 的一个随机数，但不包括 3
8           int number = (int)(Math.random() * 3);
9           System.out.println("Choose the number is:" + number);
10          //得到所有的服务器对象
11          List<Server> servers = lb.getAllServers();
12          //根据随机数返回一个服务器
13          return servers.get(number);
14      }
15      //省略必要的 get 和 set 方法
16  }
```

在上述代码的第 3 行里，我们实现了 IRule 类，并在其中的第 6 行里重写了 choose 方法。在这个方法里，我们在第 8 行通过 Math.random 方法得到了 0 到 3 之间的一个随机数，包括 0，但不包括 3，并用这个随机数在第 13 行返回了一个 Server 对象，以此实现随机选择的效果。在实际的项目里，还可以根据具体的业务逻辑 choose 方法来实现其他"选择服务器"的策略。

步骤02 编写判断服务器是否可用的 MyPing.java，代码如下：

```
1   package com.controller; //也请注意这个 package 的路径
2   //省略 import 语句
3   public class MyPing implements IPing { //这里是实现 IPing 类
4       //重写了判断服务器是否可用的 isAlive 方法
5       public boolean isAlive(Server server) {
6           //这里是生成一个随机数，以此来判断该服务器是否可用
7           //还可以根据服务器的响应时间等依据判断服务器是否可用
8           double data = Math.random();
9           if (data > 0.6) {
10              System.out.println("Current Server is available, Name: " +
                server.getHost() + ", Port is:" + server.getHostPort());
11              return true;
12          } else {
13              System.out.println("Current Server is not available, Name: "
                + server.getHost() + ", Port is:" + server.getHostPort());
14              return false;
15          }
16      }
17  }
```

在第 3 行里，我们是实现了 IPing 接口，并在第 5 行重写了其中的 isAlive 方法。

在这个方法里，我们根据一个随机数来判断该服务器是否可用，如果可用，就返回 true，反之则返回 false。注意，这仅仅是一个演示的案例，在实际项目里，我们基本上是不会重写 isAlive 方法的。

步骤03 改写 application.yml，在其中添加关于 MyPing 和 MyRule 的配置，代码如下：

```
1   spring:
2     application:
3       name: callHello
4   server:
5     port: 8080
6   eureka:
7     client:
8       serviceUrl:
9         defaultZone: http://localhost:8888/eureka/
10  sayHello:
11    ribbon:
12      NFLoadBalancerRuleClassName: com.controller.MyRule
13      NFLoadBalancerPingClassName: com.controller.MyPing
14      listOfServers:
15  http://localhost:1111/,http://localhost:2222/,http://localhost:3333
```

改动点是第 10~13 行，注意这里的 SayHello 需要和服务提供者给出的"服务名"一致。在第 12 行、第 13 行里，分别定义了本程序（也就是服务调用者）所用到的 MyRule 和 MyPing 类，配置时需要包含包名和文件名。

步骤04 改写 Controller.java 和这个控制器类，代码如下。

```
1   //省略必要的 package 和 import 代码
2   @RestController
3   @Configuration
4   public class Controller {
```

```
5        //以 Autowired 的方式引入 loadBalancerClient 对象
6        @Autowired
7        private LoadBalancerClient loadBalancerClient;
8        //给 RestTemplate 对象加入@LoadBalanced 注解
9        //以此赋予该对象负载均衡的能力
10       @Bean
11       @LoadBalanced
12       public RestTemplate getRestTemplate()
13       { return new RestTemplate();    }
14       @Bean //引入 MyRule
15       public IRule ribbonRule()
16       { return new MyRule();}
17       @Bean //引入 MyPing
18       public IPing ribbonpIng()
19       { return new MyPing();}
20       //编写提供服务的 hello 方法
21       @RequestMapping(value = "/hello", method = RequestMethod.GET  )
22       public String hello() {
23           //引入策略，这里的 sayHello 需要和 application.yml
24           //第 10 行的 sayHello 一致，这样才能引入 MyPing 和 MyRule
25           loadBalancerClient.choose("sayHello");
26           RestTemplate template = getRestTemplate();
27           String retVal = template.getForEntity(
               "http://sayHello/sayHello/Eureka", String.class).getBody();
28           return "In Caller, " + retVal;
29       }
30  }
```

和之前的代码相比，我们添加了第 15 行和第 18 行的两个方法，以此引入自定义的 MyRule 和 MyPing 两个方法。

而且，在 hello 方法的第 15 行里，我们通过 choose 方法为 loadBalancerClient 这个负载均衡对象选择了 MyRule 和 MyPing 这两个规则。

如果依次启动 Eureka 服务器，注册在 Eureka 里的 3 个服务提供者和服务调用者之后，在浏览器里输入 "http://localhost:8080/hello"，就能在 EurekaRibbonDemo-ServiceCaller 的控制台里看到类似于如下的输出。

```
1    Choose the number is:1
2    Choose the number is:0
3    Current Server is not available, Name: 192.168.42.1,
     Port is:192.168.42.1:2222
4    Current Server is available, Name: 192.168.42.1, Port is:192.168.42.1:3333
5    Current Server is not available, Name: 192.168.42.1,
     Port is:192.168.42.1:1111
```

第 1 行和第 2 行是 MyRule 里的输出，第 3~5 行是 MyPing 里的输出，由于这些输出和随机数有关，因此每次输出的内容未必一致，但至少能说明我们在 MyRule 和 MyPing 里配置的相关策略是生效的，服务调用者（EurekaRibbonDemo-ServiceCaller）的多次请求在以"负载均衡"的方式分发到各服务提供者时会引入我们定义在上述两个类里的策略。

4.4.6　实现双服务器多服务提供者的高可用效果

代码位置	视频位置
代码\第 4 章\RabbionBasicDemo	视频\第 4 章\负载均衡高可用案例

这里我们把相同的服务提供模块部署在 3 台服务器上，除了能得到"负载均衡"的便利之外，还达到了"高可用"的效果，比如 3 台服务器中的某台失效了，系统就会把请求发送到其他机器上。

这种"高可用"的特性是互联网项目（尤其是高并发互联网项目）的必备需求，不过这里依然有一个隐患：如果 Eureka 服务器失效了，那么即使 3 台提供服务的机器都可用，服务调用者也还是无法得到服务。

在第 3 章里，我们配置了两个相互注册的 Eureka 服务器，这里我们将在当前"多服务提供者"的基础上引入"双 Eureka 服务器"的效果，以此实现更高程度的"高可用"效果。整个系统的架构如图 4.6 所示。

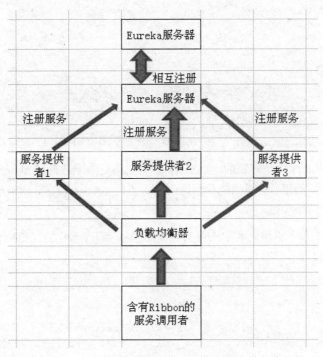

图 4.6　双服务器多服务提供者的高可用架构示意图

从图 4.6 中我们能看到，只有当两台 Eureka 服务器都宕机，或者所有提供服务的机器都宕机，整个系统才无法对外提供服务，但事实上发生这些情况的概率非常低。更何况在真实项目里我们会时刻监听每台服务器的状态，只要发生不可用，就会立即发送邮件等推送信息，这样维护人员就能立即介入修复。

为了实现上述效果，我们需要在 4.4.5 小节代码的基础上做如下修改。

步骤01 在 EurekaRibbonDemo-Server 项目里，修改 application.yml，代码如下：

```
1    spring:
2      application:
```

```
3       name: ekServer1
4    server:
5      port: 8888
6    eureka:
7      instance:
8        hostname: ekServer1
9      client:
10       serviceUrl:
11         defaultZone: http://ekServer2:8889/eureka/
```

这里同样需要在 hosts 文件里添加 ekServer1 和 ekServer2，具体做法请参照 3.3 节的说明。请注意在第 11 行里，本服务器是向另外一台 ekServer2:8889 注册。

步骤02 创建名为 EurekaRibbonDemo-backup-Server 的项目，代码和 EurekaRibbonDemo-Server 大多一致，但需要修改其中的 application.yml，代码如下：

```
1   spring:
2     application:
3       name: ekServer2
4   server:
5     port: 8889
6   eureka:
7     instance:
8       hostname: ekServer2
9     client:
10      serviceUrl:
11        defaultZone: http://ekServer1:8888/eureka/
```

这个 ekServer1 里的配置是对偶的，在第 11 行里，指定本服务是向 ekServer1 的 8888 端口注册。结合刚才 ekServer1 的配置，我们能看到这两台服务器（ekServer1 和 ekServe2）是相互注册的，以此实现"热备冗余"的效果。

步骤03 在 3 个服务提供者和一个服务调用者的项目里，修改它们的 application.yml，其中需要修改的部分如下：

```
1   eureka:
2     client:
3       serviceUrl:
4         #defaultZone: http://localhost:8888/eureka/
5         defaultZone: http://ekServer1:8888/eureka/
```

原来采用第 4 行的代码是向 localhost:8888 注册，现在是向 ekServer1:8888 注册。

修改完成后，先启动两个包含 Eureka 服务器的程序，再启动 3 个包含服务提供者的程序，最后启动服务调用者的程序。启动完成后，我们可以通过 http://ekserver1:8080/hello 来查看调用 hello 服务的效果，这里的效果和 4.4.5 小节中运行的效果一致，所以就不再额外给出了。

同样，如果我们故意停止一个包含 Eureka 服务器的程序（比如 EurekaRibbonDemo-Server 程序），以此来模拟一台服务器失效的效果，由于这里实现了双服务器相互注册，所以如果再次在浏览器里输入 "http://ekserver1:8080/hello"，那么依然可以看到调用服务后的输出效果。

4.5　配置 Ribbon 的常用参数

在上文里，我们是在 application.yml 里配置 Ribbon 诸如负载均衡策略等信息，在这部分里我们将归纳其他常用参数。

代码位置	视频位置
代码\第 4 章\RabbionBasicDemo	视频\第 4 章\常用的 Ribbon 参数

4.5.1　参数的影响范围

在 EurekaRibbonDemo-ServiceCaller 项目的 application.yml 里，我们采用 sayHello.ribbon 的形式配置参数，格式如下：

```
1  sayHello:
2    ribbon:
3      NFLoadBalancerRuleClassName: com.controller.MyRule
```

上述格式的参数是针对 sayHello 服务的。此外，我们还可以如下形式配置全局性的参数：

```
1    ribbon:
2      NFLoadBalancerRuleClassName: com.controller.MyRule
```

这里参数的作用范围是全局，也就是说，在 MyRule 中定义的负载均衡规则将作用在所有的服务上，而不仅仅是 sayHello 这个服务上。

4.5.2　归纳常用的参数

在 EurekaRibbonDemo-ServiceCaller 项目的 application.yml 里，我们通过如下代码配置了 Rule 规则、Ping 规则和可用服务器的列表，其中第 1 行的 sayHello 是服务名，说明这些配置不是全局性的，而是仅仅针对 sayHello 这个服务。

```
1  sayHello:
2    ribbon:
3      NFLoadBalancerRuleClassName: com.controller.MyRule
4      NFLoadBalancerPingClassName: com.controller.MyPing
5      listOfServers: http://localhost:1111/,http://localhost:2222/,
       http://localhost:3333
```

这里我们再给出一些其他的常用配置，具体的含义请看注释。

```
1  sayHello:
2    ribbon:
3      ConnectionTimeout: 200   #连接的超时时间
4      RealTimeout: 1000        #连接外带处理的超时时间
5      MaxAutoRetries: 5        #对当前请求实例的重试次数
6      MaxHttpConnectionsPerHost:5  #对每个主机每次最多的 HTTP 请求数
```

```
7       EnableConnectionPool:true  #是否启用连接池来管理连接
8    #只有第7行的值是true，如下相关池的属性才能生效
9    PoolMaxThreads:10        #池中最大线程数
10   PoolMinThreads: 2 #池中最小线程数
11   PoolKeepAliveTime: 10     #线程的等待时间
12   PoolKeepAliveTimeUnits:SECONDS #等待时间的范围
```

4.5.3 在类里设置 Ribbon 参数

除了能在 application.yml 里设置外，我们还可以在 Java 类里编写针对 Ribbon 的配置参数。这里我们在 EurekaRibbonDemo-ServiceCaller 的基础上，重新编写一个服务调用者项目，命名为 EurekaRibbonConfigDemo-ServiceCaller，在其中演示通过类设置 Ribbon 参数的做法。

这个项目和 EurekaRibbonDemo-ServiceCaller 非常相似，但有如下差别。

差别 1，在 application.yml 里，去掉针对 IRule 和 IPing 实现类的配置，关键代码如下，其中我们能看到注释掉了第 3 行和第 4 行的代码。

```
1  sayHello:
2   ribbon:
3    # NFLoadBalancerRuleClassName: com.controller.MyRule
4    # NFLoadBalancerPingClassName: com.controller.MyPing
5    listOfServers: http://localhost:1111/,
6 http://localhost:2222/, http://localhost:3333
```

差别 2，新建 ConfigRibbon.java，在其中引入 MyRule 和 MyPing 类，代码如下。

```
1   省略必要的package和import代码
2   @Configuration
3   public class ConfigRibbon{
4       @Bean
5       public IRule getRule()
6     { return new MyRule(); }
7       @Bean
8       public IPing getPing()
9     { return new MyPing();}
10  }
```

在第 2 行里，我们通过@Configuration 这个注解说明本类是配置类。在第 5 行和第 8 行里，我们提供了 getRule 和 getPing 这两个方法，由于它们被@Bean 这个注解修饰，因此能被 Spring 容器自动注入。

差别 3，改写 Controller 部分的代码。

```
1   省略必要的package和import代码
2   @RestController
3   @Configuration
4   public class Controller {
5       //提供被@LoadBalanced修饰的RestTemplate对象
6       @Bean
7       @LoadBalanced
8       public RestTemplate getRestTemplate()
9     { return new RestTemplate();   }
```

```
10        //在hello方法里，无需再从配置文件里获得参数
11        @RequestMapping(value = "/hello", method = RequestMethod.GET  )
12        public String hello() {
13            RestTemplate template = getRestTemplate();
14            String retVal = template.getForEntity(
                "http://sayHello/sayHello/Eureka", String.class).getBody();
15            return "In Caller, " + retVal;
16        }
17    }
```

由于我们在 ConfigRibbon 类里已经把 MyRule 和 MyPing 通过@Bean 注解放入了容器，同时 hello 方法里的 RestTemplate 对象又被@LoadBalanced 注解修饰，因此通过 RestTemplate 实现负载均衡时，会自动地调用封装在 MyRule 和 MyPing 里的方法。

在 ConfigRibbon 类里定义的 Ribbon 配置是全局性的。此外，我们还可以通过@RibbonClinet 注解让配置参数只作用在单个服务上，具体的做法是新建一个名为 ConfigRibbonSayHello 的类，代码如下：

```
1    省略必要的package和import代码
2    @Configuration
3    @RibbonClient(name="sayHello",configuration=ConfigRibbon.class)
4    public class ConfigRibbonSayHello { }
```

其中，在类里可以不用放任何代码，但需要用类似第 3 行的注解来修饰这个类。

在定义@RibbonClient 注解时，需要用 configuration 来指定包含配置信息的类名，需要用 name 来指定这个配置所作用的服务名。

改写完成后，我们可以依次启动 Eureka 服务器、3 个服务提供者和基于配置文件的服务调用者，随后在浏览器里输入"http://localhost:8080/hello"，同样能在控制台里看到定义在 MyRule 和 MyPing 里的输出，这说明基于类的配置参数成功生效。

4.6　本　章　小　结

在本章里，我们首先介绍了目前比较常见的基于软件和硬件实现负载均衡的解决方案，并在此基础上介绍了 Spring Cloud 全家桶里实现负载均衡的重要组件：Ribbon。随后，我们在代码层面介绍了 Ribbon 各重要组件的用法，以及在 Eureka 框架里整合 Eureka 的各种做法。最后，我们还讲述了通过配置文件和配置类在 Eureka 框架里引入 Ribbon 参数的常见开发方式。

第5章

服务容错组件：HyStrix

Hystrix 组件就像日常生活中的保险丝一样，能对高并发的 Web 应用系统起到熔断保护的作用。如果没有保险丝，当过载的电流到达时，就会导致电器损害等严重后果，如果没有配置基于 Hystrix 的保护机制，过载的流量同样会瘫痪整个 Web 应用，这会导致客户流失等严重后果。

Hystrix 不仅仅是单纯的组件，其中还包含了 Netflix 开发团队对分布式系统（尤其是高并发分布式系统）容错保护的各种实践的总结。在本章里，我们不会只讲 Hystrix 的常见用法，会讲述如何用 Hystrix 组件为系统配置保险丝，从而避免系统崩溃的常见实践方案。

5.1 在微服务系统里引入 Hystrix 的必要性

任何一个网站都有可能出故障，故障的发生率只是概率问题，一旦出现故障，导致的后果就可能足以导致网站倒闭。下面我们通过一道不复杂的概率算术题来看一下看似健壮的系统出故障的概率。

5.1.1 通过一些算术题了解系统发生错误的概率

我们一般用每秒查询率（Query Per Second，QPS）来衡量一个网站的流量。QPS 是指一台服务器在一秒里能处理的查询次数，可以被用来衡量服务器的性能。

假设一个 Web 应用有 20 个基于微服务的子模块，比如某电商系统里有订单、合同管理和会员管理等子模块，该系统的平均 QPS 是 1000，也就是说平均每秒有 1000 个访问量，这个数值属于中等水平，并不高。

算术题一，请计算每天的访问总量。注：一般网站在凌晨 1 点到上午 9 点的访问量比较少，所以计算时按每天 16 小时计算。

答：1000*60*60*16=57600000=5.76 乘以 10 的 8 次方。

算术题二：由于该系统中有 20 个子模块，在处理每次请求时，该模块有 99.9999%的概率不出错（百万分之一的出错概率，这个概率很低了），任何一个模块出错，整个系统就出错，那么每小时该系统出错的概率是多少？每天（按 16 小时算）是多少？每月（按 30 天算）又是多少？

答：针对每次访问，一个模块正常工作的概率是 99.9999%，那么每小时 20 个模块都不出错的概率是 99.9999%的（20*3600）次方，大约是 93%。换句话说，在一个小时内，该系统出错的概率是 7%。

我们再来算每天的正常工作概率，是 93%的 16 次方，大约是 31%。换句话说，每天出错的概率高达 69%。同理，我们能算出，每月出错的概率高达 95%。

通过这组数据，我们能看到，规模尚属中等的网站（相当于尚能正常盈利不亏本的网站）平均每月就会出现一次故障，对于那些模块故障率高于百万分之一或平均 QPS 更高的网站，这个出故障周期会更频繁。所以，对于互联网公司而言，服务容错组件是必配，而不是优化项。

5.1.2　用通俗方式总结 Hystrix 的保护措施

对于互联网公司而言，与其自己开发一套容错组件，还不如用现成的，因为对公司而言，应该把精力用到能直接产生价值的业务开发上。

在 Spring Cloud 微服务架构体系中，Hystrix 是一个现成的解决方案，归纳起来讲，Hystrix 能提供熔断、隔离（包括线程隔离和信号量隔离）和请求合并等容错保护措施。

当系统中某个模块故障率过高时，Hystrix 会自动开启熔断模式，针对后续的请求直接提供出错提示页面。就好比某个办事部门无法继续提供服务时，不是一声不吭任由等待服务的人群继续排队，而是或者贴出一张通知告示（就好比跳转到出错提示页面），或者由其他部门接手服务（启动热备冗余服务）。

Hystrix 的隔离机制就好比在船里的水密仓，当某处进水时（发生系统调用故障时），最多只会影响少量的水密仓，不至于整船淹没（整个系统崩溃），这样一来能缩小故障规模，不至于发生故障蔓延式的雪崩，还能大大降低故障修复的难度。

在 Web 应用场景里，用户每触发一个 URL 请求，都会由一个为此新建的线程来处理，在高并发的场景下，这会导致服务器负载过重，事实上，同类的 URL 做的事情其实是相同的，比如查询分页的不同请求里，唯一的差别是请求参数（比如页数）不同。

Hystrix 为此提供了合并请求的功能，即能把在某个时间段内相同类型的请求合并到一起处理，这样能很大程度上降低 Web 服务器的负载。

Hystrix 除了能提供上述各种保护措施外，还实时监控网络流量，当出现异常时，能根据设置自动报警，让运营等人员在第一时间介入并排除故障。

5.2 通过案例了解 Hystrix 的各种使用方式

在这部分里，我们将演示 Hystrix 的各种工作流程，具体包括通过 Ribbon 调用正常的和不可用的服务，此外还将讲述在 Hystrix 引入缓存和设置 Hystrix 的各种配置的方法。

5.2.1 准备服务提供者

这里我们将在 HystrixServerDemo 项目里提供两个供 Hystrix 调用的服务，其中一个是可用的，而在另外一个服务里是通过 sleep 机制故意让服务延迟返回，从而造成不可用的后果。

这是一个基本的 Spring Boot 的服务，之前我们已经反复讲述过，所以这里仅给出实现要点，具体信息请大家自己参照代码。

要点 1，在 pom.xml 里引入 spring boot 的依赖项，关键代码如下：

```
1  <dependency>
2      <groupId>org.springframework.boot</groupId>
3      <artifactId>spring-boot-starter-web</artifactId>
4      <version>1.5.4.RELEASE</version>
5  </dependency>
```

要点 2，在 ServerStarter.java 里，开启服务，代码如下：

```
1  //省略必要的 package 和 import 代码
2  @SpringBootApplication
3  public class ServerStarter{
4      public static void main( String[] args )
5      {
6          SpringApplication.run(ServerStarter.class, args);
7      }
8  }
```

要点 3，在控制器 Controller.java 里，编写两个提供服务的方法，代码如下：

```
1  @RestController
2  public class Controller {
3    @RequestMapping(value = "/available", method = RequestMethod.GET )
4    public String availabieService(){
5      return "This Server works well.";
6    }
7    @RequestMapping(value = "/unavailable", method = RequestMethod.GET )
8    public String unavailableServicve () {
9      try {
10         Thread.sleep(5000);
11     }
12    catch (InterruptedException e){
13      e.printStackTrace();
14    }
15     return "This service is unavailable.";
```

```
16          }
17    }
```

其中，在第 4 行提供了一个可用的服务；在第 8~16 行的 unavailableServicve 的服务里，通过第 10 行的 sleep 方法造成"服务延迟返回"的效果。

5.2.2　以同步方式调用正常工作的服务

这里我们新建一个 HystrixClientDemo 项目，在其中开发各种 Hystrix 调用服务的代码。

在这个项目里，我们将通过 Ribbon 和 Hystrix 结合的方式，调用在上面提供的服务，所以在 pom.xml 文件里将引入这两部分的依赖包，关键代码如下：

```
1    <dependencies>
2       <dependency>
3             <groupId>com.netflix.ribbon</groupId>
4             <artifactId>ribbon-httpclient</artifactId>
5             <version>2.2.0</version>
6       </dependency>
7        <dependency>
8             <groupId>com.netflix.hystrix</groupId>
9             <artifactId>hystrix-core</artifactId>
10            <version>1.5.12</version>
11       </dependency>
12    </dependencies>
```

在上述代码的第 2~6 行里，我们引入了 Ribbon 的依赖项；在第 7~11 行里，我们引入了 Hystrix 的依赖项。

在 NormalHystrixDemo.java 里，我们将演示通过 Hystrix 调用正常服务的开发方式，代码如下：

```
1    //省略必要的 package 和 import 代码
2    //继承 HystrixCommand<String>，所以 run 方法返回 String 类型对象
3    public class NormalHystrixDemo extends HystrixCommand<String> {
4        //定义访问服务的两个对象
5      RestClient client = null;
6      HttpRequest request = null;
7        //在构造函数里指定命令组的名字
8       public NormalHystrixDemo() {
9      super(HystrixCommandGroupKey.Factory.asKey("demo"));
10     }
11      //在 initRestClient 方法里设置访问服务的 client 对象
12      private void initRestClient() {
13         client = (RestClient)
           ClientFactory.getNamedClient("HelloCommand");
14         try {
15             request = HttpRequest.newBuilder().uri(new
               URI("/available")).build();
16         } catch (URISyntaxException e)
17         { e.printStackTrace(); }
18      ConfigurationManager.getConfigInstance().setProperty(
         "HelloCommand.ribbon.listOfServers", "localhost:8080");
19      }
```

在第 12~19 行的 initRestClient 方法里，我们做好了以基于 Ribbon 的 RestClient 对象访问服务的准备工作，具体而言，在第 13 行里通过工厂初始化了 client 对象，在第 18 行设置了待访问的 url，在第 15 行设置了待访问的服务名。

```
20        protected String run() {
21            System.out.println("In run");
22            HttpResponse response;
23            String result = null;
24            try {
25                response = client.executeWithLoadBalancer(request);
26                System.out.println("Status for URI:" + response.
                  getRequestedURI()+ " is :" + response.getStatus());
27                result = response.getEntity(String.class);
28            } catch (ClientException e)
29          { e.printStackTrace();}
30        catch (Exception e) {e.printStackTrace();      }
31          return "Hystrix Demo,result is: " + result;
32        }
```

我们在第 20 行定义了返回 String 类型的 run 方法，这里的返回类型需要和第 3 行（上一段代码）里本类继承的 HystrixCommand 对象的泛型一致。其中，我们通过第 25 行的代码调用服务，并在第 31 行返回一个包括调用结果的 String 字符串。

```
33        public static void main(String[] args) {
34            NormalHystrixDemo normalDemo = new NormalHystrixDemo();
35            //初始化调用服务的环境
36          normalDemo.initRestClient();
37            // 睡眠 1 秒
38            try {Thread.sleep(1000);}
39          catch (InterruptedException e)
40          {e.printStackTrace();      }
41            //调用 execute 方法后，会自动地执行定义在第 20 行的 run 方法
42            String result = normalDemo.execute();
43            System.out.println("Call available function, result is:" +
              result);
44        }
45    }
```

在 main 方法里，我们指定了如下工作流程。

步骤01 在第 36 行里，通过调用 initRestClient 方法完成了初始化的工作。

步骤02 在第 42 行里执行了 execute 方法，这个方法是封装在 HystrixCommand 方法里的，一旦调用，就会触发第 20 行的 run 方法。

> **注　意**
>
> 这里一旦执行 execute 方法，就会立即（以同步的方式）执行 run 方法，在 run 方法返回结果之前，代码是会阻塞在第 42 行的，即不会继续往后执行。

步骤03 在第 20 行的 run 方法里，我们以 localhost:8080/available 的方式调用了服务端的服务。

执行整段代码，会看到如下打印语句，这些打印语句很好地验证了上面讲述的过程流程。

```
1   In run
2   Status for URI:http://localhost:8080/available is :200
3   Call available function, result is:Hystrix Demo,result is:
    This Server works well.
```

5.2.3　以异步方式调用服务

在上部分的 Hystrix 案例中，请求是被依次执行的，在处理完上个请求之前，后一个请求处于阻塞等待状态，这种 Hystrix 同步的处理方式适用于并发量一般的场景。

单台服务器的负载处理能力毕竟是有限的，如果并发量高于这个极限，那么我们就得考虑采用 Hystrix 基于异步的保护机制，从图 5.1 里，我们能看到基于异步处理的效果图。

图 5.1　Hystrix 异步处理的效果图

从图 5.1 里我们能看到，请求不是被同步地立即执行，而是被放入一个队列（queue）中，封装在 HystrixCommand 的处理代码是从 queue 里拿出请求，并以基于 Hystrix 保护措施的方式处理该请求。在下面的 AsyncHystrixDemo.java 里，我们将演示 Hystrix 异步执行的方式。

```
1   //省略必要的 package 和 import 代码
2   //这里同样是继承 HystrixCommand<String>类
3   public class AsyncHystrixDemo extends HystrixCommand<String> {
4       RestClient client = null;
5       HttpRequest request = null;
6       public AsyncHystrixDemo() {
7           // 指定命令组的名字
8           super(HystrixCommandGroupKey.Factory.asKey("ExampleGroup"));
9       }
10      private void initRestClient() {
11          client = (RestClient)
            ClientFactory.getNamedClient("AsyncHystrix");
12          try {
13              request = HttpRequest.newBuilder().uri(new
                URI("/available")).build();
14          }
15          catch (URISyntaxException e)
16          { e.printStackTrace(); }
17          ConfigurationManager.getConfigInstance().setProperty(
18              "AsyncHystrix.ribbon.listOfServers", "localhost:8080");
19      }
20      protected String run() {
21          System.out.println("In run");
22          HttpResponse response;
23          String result = null;
24          try {
```

```
25              response = client.executeWithLoadBalancer(request);
26              System.out.println("Status for URI:" + response.
                 getRequestedURI() + " is :" + response.getStatus());
27              result = response.getEntity(String.class);
28          }
29      catch (ClientException e) {e.printStackTrace(); }
30      catch (Exception e) { e.printStackTrace();  }
31       return "Hystrix Demo,result is: " + result;
32    }
```

在上述代码的第 6 行中，我们定义了构造函数；在第 10 行中，定义了初始化 Ribbon 环境的
initRestClient 方法；在第 20 行中，定义了执行 Hystrix 业务的 run 方法。这 3 个方法和刚才讲到的
NormalHystrixDemo 类里很相似，所以就不再详细讲述了。

```
33      public static void main(String[] args) {
34        AsyncHystrixDemo asyncDemo = new AsyncHystrixDemo();
35        asyncDemo.initRestClient();
36        try {    Thread.sleep(1000);}
37       catch (InterruptedException e)
38       {e.printStackTrace();      }
39       //上述代码是初始化环境并 sleep 1 秒
40       //得到 Future 对象
41       Future<String> future = asyncDemo.queue();
42       String result = null;
43       try {
44           System.out.println("Start Async Call");
45          //通过 get 方法以异步的方式调用请求
46           result = future.get();
47       } catch (InterruptedException e)
48        { e.printStackTrace();}
49       catch (ExecutionException e)
50     { e.printStackTrace();       }
51       System.out.println("Call available function, result is:" +
             result);
52      }
53  }
```

在 main 函数的第 34~38 行，我们同样初始化了 Ribbon 环境，这和之前的 NormalHystrixDemo
类的做法是一样的。

在第 41 行里，我们通过 queue 方法得到了一个包含调用请求的 Future<String>类型的对象。而
在第 46 行里，我们通过 future 对象的 get 方法执行请求。

这里有两个看点：第一，在执行第 46 行的 get 方法后，HystrixComman 会自动调用定义在第
20 行的 run 方法；第二，这里得到请求对象是在第 41 行，而调用请求则在第 46 行，也就是说，
并不是在请求到达时就立即执行，而是通过异步的方式执行。

本部分代码的执行结果和 NormalHystrixDemo.java 是一样的，所以就不再给出了。

5.2.4 调用不可用服务会启动保护机制

刚才我们是通过 Hystrix 调用正常工作的服务，也就是说，Hystrix 的保护机制并没有起作用，

这里我们将在 HystrixProtectDemo.java 里演示调用不可用的服务时 Hystrix 启动保护机制的流程。
这个类是基于 NormalHystrixDemo.java 改写的，只是在其中增加了 getFallback 方法，代码如下：

```
1    //省略必要的 package 和 import 代码
2    public class HystrixProtectDemo extends HystrixCommand<String> {
3        RestClient client = null;
4        HttpRequest request = null;
5        //构造函数很相似
6        public HystrixDemoProtectDemo() {
7            super(HystrixCommandGroupKey.Factory.asKey("ExampleGroup"));
8        }
9        //initRestClient 方法没变
10       private void initRestClient(){
11           //和 NormalHystrixDemo.java 一样，具体请参考代码
12       }
13       //run 方法也没变
14       protected String run() {
15           //和 NormalHystrixDemo.java 一样，具体请参考代码
16       }
17       //这次多个了 getFallback 方法，一旦出错，会调用其中的代码
18       protected String getFallback() {
19           //省略跳转到错误提示页面的动作
20           return "Call Unavailable Service.";
21       }
22       //main 函数
23       public static void main(String[] args) {
24           HystrixDemoProtectDemo normalDemo = new HystrixDemoProtectDemo();
25           normalDemo.initRestClient();
26           try {
27               Thread.sleep(1000);
28           } catch (InterruptedException e) {
29               e.printStackTrace();
30           }
31           String result = normalDemo.execute();
32           System.out.println("Call available function, result is:" +
             result);
33       }
34   }
```

这个类里的构造函数和 NormalHystrixDemo.java 很相似，而 initRestClient 和 run 方法根本没变，
所以就不再详细给出了。

在第 18 行里，我们重写了 HystrixCommand 类的 getFallback 方法，在其中定义了一旦访问出
错的动作，这里仅仅是输出一段话，在实际的项目里可以跳转到相应的错误提示页面。

而 main 函数里的代码和 NormalHystrixDemo.java 里的完全一样，只是在运行这段代码前无须
运行 HystrixServerDemo 项目的启动类，这样服务一定是调用不到的。运行本段代码后，我们能看
到如下结果。

```
1    In run
2    Call available function, result is:Call Unavailable Service.
```

从第 2 行的输出上，我们能确认，一旦调用服务出错，Hystrix 处理类就能自动调用 getFallback

方法。

如果这里没有定义 getFallback 方法，那么一旦服务不可用，用户就可能在连接超时之后在浏览器里看到一串毫无意义的内容，这样用户体验就很差了。如果整个系统的其他容错措施也没到位，甚至有可能会导致当前和下游模块瘫痪。

相反，在这里我们在 Hystirx 提供的 getFallback 方法里做了充分的准备，一旦出现错误，这段错误处理的代码就能被立即触发，其效果就相当于熔断后继的处理流程。由 getFallback 出面，友好地告知用户出问题了，以及后继该如何处理。这样一方面能及时熔断请求，从而保护整个系统；另一方面，不会造成因体验过差而使用户大规模流失的情况。

5.2.5 调用 Hystrix 时引入缓存

如果每次请求都要走后台应用程序乃至再到数据库检索一下数据，这对服务器的压力太大，有时候这一因素甚至会成为影响网站服务性能的瓶颈。所以，大多数网站会把一些无须实时更新的数据放入缓存，前端请求到缓存里拿数据。

Hystrix 在提供保护性便利的同时，也能支持缓存的功能。在下面的 HystrixCacheDemo.java 里，我们将演示 Hystrix 从缓存中读取数据的步骤，代码如下：

```
1   //省略必要的 package 和 import 代码
2   public class HystrixCacheDemo extends HystrixCommand<String> {
3       //用户 id
4       Integer id;
5        //用一个 HashMap 来模拟数据库里的数据
6       private HashMap<Integer,String> userList = new
         HashMap<Integer,String>();
7       //构造函数
8       public HystrixCacheDemo(Integer id) {
9       super(HystrixCommandGroupKey.Factory.asKey("RequestCacheCommand"));
10          this.id = id;
11          userList.put(1, "Tom");
12      }
```

在第 3 行里，我们定义了一个用户 id，并在第 6 行定义了一个存放用户信息的 HashMap。在第 8~12 行的构造函数里，我们在第 10 行用参数 id 来初始化本对象的 id 属性，并在第 11 行通过put 方法模拟地构建了一个用户。在项目里，用户的信息其实是存在数据库里的。

```
13      protected String run() {
14          System.out.println("In run");
15          return userList.get(id);
16      }
```

如果不走缓存，那么第 13~16 行定义的 run 函数将会被 execute 方法触发，在其中的第 15 行中，我们通过 get 方法从 userList 这个 HashMap 里获得一条用户数据，这里我们用 get 方法来模拟根据 id 从数据库里获取数据的诸多动作。

```
17      protected String getCacheKey() {
18          return String.valueOf(id);
19      }
```

第 17 行定义的 getCacheKey 方法是 Hystrix 实现缓存的关键，在其中我们可以定义"缓存对象的标准"。具体而言，我们在这里是返回 String.valueOf(id)，也就是说，如果第二个 HystrixCacheDemo 对象和第一个对象具有相同的 String.valueOf(id)的值，那么第二个对象在调用 execute 方法时就可以走缓存。

```
20      public static void main(String[] args) {
21    //初始化上下文，否则无法用缓存机制
22        HystrixRequestContext context =
             HystrixRequestContext.initializeContext();
23        //定义两个具有相同 id 的对象
24        HystrixCacheDemo cacheDemo1 = new HystrixCacheDemo(1);
25        HystrixCacheDemo cacheDemo2 = new HystrixCacheDemo(1);
26        //第一个对象调用的是 run 方法，没有走缓存
27        System.out.println("the result for cacheDemo1 is:" +
             cacheDemo1.execute());
28        System.out.println("whether get from cache: " +
             cacheDemo1.isResponseFromCache);
29        //第二个对象，由于和第一个对象具有相同的 id，所以走缓存
30        System.out.println("the result for cacheDemo2 is:" +
             cacheDemo2.execute());
31        System.out.println("whether get from cache: " +
             cacheDemo2.isResponseFromCache);
32        //销魂上下文，以清空缓存
33        context.shutdown();
34        //再次初始化上下文，但由于缓存已清，所以 cacheDemo3 没走缓存
35        context = HystrixRequestContext.initializeContext();
36        HystrixCacheDemo cacheDemo3 = new HystrixCacheDemo(1);
37        System.out.println("the result for 3 is:" + cacheDemo3.execute());
38        System.out.println("whether get from cache: " +
             cacheDemo3.isResponseFromCache);
39        context.shutdown();
```

在第 20 行定义的 main 方法里，我们定义了如下的几条主要逻辑。

第一，在第 22 行，通过 initializeContext 方法初始化了上下文，这样才能启动缓存机制；在第 24~25 行里，我们创建了两个不同名但相同 id 的 HystrixCacheDemo 对象。

第二，在第 27 行里，我们通过 cacheDemo1 对象的 execute 方法根据 id 查找用户，虽然在这里是通过 run 方法里第 15 行的 get 方法从 HashMap 里取数据，但是大家可以把这想象成从数据表里取数据。

第三，在第 30 行里，我们调用了 cacheDemo2 对象的 execute 方法，由于它和 cacheDemo1 对象具有相同的 id，因此这里并没有走 execute 方法，而是直接从保存 cacheDemo1.execute 的缓存里拿数据，这就可以避免因多次访问数据库而造成系统损耗了。

第四，我们在第 33 行销毁了上下文，并在第 35 行里重新初始化了上下文，之后，虽然在第 36 行定义的 cacheDemo3 对象的 id 依然是 1，但是由于上下文对象被重置过，其中的缓存也被清空，因此在第 37 里执行的 execute 方法并没有走缓存。

运行上述代码，我们能看到如下输出，这些打印结果能很好地验证上述对主要流程的说明。

```
1   In run
```

```
2    the result for cacheDemo1 is:Tom
3    whether get from cache: false
4    the result for cacheDemo2 is:Tom
5    whether get from cache: true
6    In run
7    the result for 3 is:Tom
```

这里请大家注意，在缓存相关的 getCacheKey 方法里，我们不是定义"保存缓存值"的逻辑，而是定义"缓存对象的标准"，初学者经常会混淆这一点。具体而言，在这里的 getCacheKey 方法里，我们并没有保存 id 是 1 的 User 对象的值（这里是 Tom），而是定义了如下标准：只要两个（或多个）HystrixCacheDemo 对象具有相同的 String.valueOf(id)的值，而且缓存中也已经存有 id 的 1 的结果值，那么后继对象则可以直接从缓存里读数据。

5.2.6　归纳 Hystrix 的基本开发方式

在上文里，我们演示了通过 Hystrix 调用可用以及不可用服务的运行结果，并在调用过程中引入了缓存机制，这里，我们将在上述案例的基础上归纳 Hystrix 的一般工作流程。

第一，我们可以通过 extends HystrixCommand<T>的方式让一个类具备 Hystrix 保护机制的特性，其中 T 是泛型，在上述案例中我们用到的是 String。

第二，一旦继承了 HystrixCommand 之后，我们就可以通过重写 run 方法和 getFallback 方法来定义调用"可用"和"不可用"服务的业务功能代码。其中，这两个方法的返回值需要和第一步里定义的泛型 T 一致。而在项目里，我们一般在 getFallback 方法里定义"服务不可用"时的保护措施（也就是后文里将要提到的降级措施）。

第三，我们还可以通过缓存机制来降低并发情况下对服务器的压力。在 Hystrix 里，我们可以在 getCacheKey 里定义"判断可以走缓存对象的标准"。

在使用缓存时，请注意两点：第一，需要开启上下文；第二，Hystrix 会根据定义在类里的属性判断多次调用的对象是否是同一个，如果是，而且之前被调用过，就可以走缓存。

5.3　通过 Hystrix 实践各种容错保护机制

在上文里，我们初步了解了 Hystrix 的开发流程和工作原理，这里我们将根据一些项目里遇到的常见场景讲述 Hystrix 各种容错保护机制的使用场景的常规开发方式。

5.3.1　强制开启或关闭断路器

在前文里我们能看到，如果调用 execute 失败，Hystrix 就会通过调用 getFallback 方法触发回退（fallback）流程。

事实上，Hystrix 的支持类库能根据 Hystrix 断路器的值动态地决定是否会走回退流程，具体而言，如果断路器处于打开（open）状态，哪怕通过 execute 调用的方法是处于可用状态也会走回退流程，即调用 getFallback 方法。

我们可以通过 hystrix.command.default.circuitBreaker.forceOpen 属性强制地开启或关闭断路器。在下面的 CurcuitBreakerDemo.java 里，我们将演示这一做法。

```
1   //省略必要的 package 和 import 方法
2   public class CurcuitBreakerDemo extends HystrixCommand<String>{
3   //构造函数
4       public CurcuitBreakerDemo() {
         super(HystrixCommandGroupKey.Factory.asKey("CurcuitBreaker"));
5       }
6       //封装正常调用流程的 run 方法
7       protected String run() {
8           System.out.println("In run");
9           return "run";
10      }
11  //封装调用失败保护逻辑的 getFallback 方法
12      protected String getFallback() {
13          System.out.println("In FallBack");
14          return "In FallBack";
15      }
16
```

上述定义的方法我们之前都见过，在一般情况下，第 7 行定义的 run 方法会被调用 execute 时触发，如果调用服务失败，则会触发第 12 行定义的 getFallBack 方法。

```
17      public static void main(String[] args) {
18          // 断路器被强制打开
            ConfigurationManager.getConfigInstance().setProperty(
            "hystrix.command.default.circuitBreaker.forceOpen", "true");
19              CurcuitBreakerDemo demo1 = new CurcuitBreakerDemo();
20              demo1.execute();//会输出 In FallBack
21              // 创建第二个命令，断路器关闭
            ConfigurationManager.getConfigInstance().setProperty(
            "hystrix.command.default.circuitBreaker.forceOpen", "false");
22              CurcuitBreakerDemo demo2 = new CurcuitBreakerDemo();
23              demo2.execute();//会输出 In Run
24      }
25  }
```

从第 17 行开始的 main 函数里，我们分别在第 18~21 行，通过 ConfigurationManager 对象把 hystrix.command.default.circuitBreaker.forceOpen 属性设置成 true 和 false。

我们能看到，当设置成 true 之后，在第 20 行调用的 execute 方法会直接走 getFallBack 流程，而不走正常的 run 方法，相反，如果设置成 false 之后，则会调用 run 方法。

这里仅仅是给大家演示强制开启和关闭断路器的做法，在实际项目中，一般会根据服务调用链路的实际情况，动态地开启或关闭断路器，这部分的知识我们将在后文里详细描述。

5.3.2　根据流量情况按命令组开启断路器

日常生活中的保险丝不会一直开启，这样起不到保护作用，当然更不会一直断开，而是会被

过载的电流"熔断"。

Hystrix 里的断路器也会被过载的流量自动熔断，从而起到保护作用。不过，为了保持服务链路稳定，断路器也不能随意开启，默认情况下，在同时满足如下两个条件的情况下才能熔断。

第一，在每个计量窗口时间范围内（默认是 10 秒），请求数超过阈值，默认是 20 个。

第二，在满足第一个条件的情况下，如果处理请求的错误率超过阈值（默认是 50%），那么断路器就会开启一段时间。

在给出具体的案例前，我们先来讲解一下和熔断相关的各参数的含义。我们刚才提到了"计量窗口时间范围"这个概念，这可以由 hystrix.command.default.metrics.rollingStats.timeInMilliseconds 参数决定，默认值是 10000，单位是微秒，即 10 秒。在表 5.1 里，我们列出了其他相关常用参数的用法。

表 5.1　和熔断相关的参数的含义

参数名	含义
hystrix.command.default.circuitBreaker.requestVolumeThreshold	每个计量窗口内最小的请求数。默认是 20，即如果收到 19 个请求，哪怕都失败，也不会开启断路器
hystrix.command.default.circuitBreaker sleepWindowInMilliseconds	断路后的持续时间值，默认为 5000，即熔断开启后 5000 毫秒内都会拒绝请求，过此时间后开始尝试是否恢复
hystrix.command.default.circuitBreaker.errorThresholdPercentage	错误比率阈值，默认是 50，即如果错误率超过该值，断路器会开启

在下面的 CurcuitBreakerCloseDemo.java 里，我们将演示过载的流量导致断路器熔断的场景。

```
1    //省略必要的 package 和 import 的代码
2    public class CurcuitBreakerCloseDemo extends HystrixCommand<String>{
3    //在构造函数里，设置每个服务的 Timeout 时间（最长等待时间）是 500 毫秒
4       public CurcuitBreakerCloseDemo() {super(Setter.
         withGroupKey(HystrixCommandGroupKey.Factory.
         asKey("HystrixGroup")).andCommandPropertiesDefaults
         (HystrixCommandProperties.Setter().
         withExecutionTimeoutInMilliseconds(500)));
5       }
6    //故意在 run 方法里 sleep 500 毫秒，从而导致请求失败
7       protected String run() throws Exception {
8          // 模拟处理超时
9          Thread.sleep(500);
10         return "Run";
11      }
12   //定义回退的逻辑，返回一段话
13      protected String getFallback()
14      { return "FallBack"; }
```

在上文构造函数的第 4 行里，我们通过设置属性定义了每个服务的最长等待时间是 500 毫秒，而在第 7~11 行的 run 方法里故意设置了 500 毫秒的睡眠，以模拟服务调用超时失败的情况。

```
15      public static void main(String[] args) throws Exception {
16         // 10 秒内有 5 个请求
17         ConfigurationManager.getConfigInstance().setProperty(
            "hystrix.command.default.metrics.rollingStats.
```

```
          timeInMilliseconds", 10000);
18          ConfigurationManager.getConfigInstance().setProperty("hystrix.
            command.default.circuitBreaker.requestVolumeThreshold", 5);
19          ConfigurationManager.getConfigInstance().setProperty(
            "hystrix.command.default.circuitBreaker.
            errorThresholdPercentage", 50);
20      //用 for 循环模拟多次调用请求
21          for(int i = 0; i < 10; i++) {
22              // 执行的命令全部都会超时
23              CurcuitBreakerCloseDemo c = new CurcuitBreakerCloseDemo();
24              c.execute();
25              // 断路器打开后输出信息
26              if(c.isCircuitBreakerOpen()==true) {
27                  System.out.println("Curcuit Breaker is open, running " +
                    (i + 1) + " case");
28              }
29          }
30      }
31  }
```

在 main 函数的第 17~19 行里，我们做了一些设置：计量时间范围是 10000 毫秒（也就是 10 秒），在每个计量时间范围内，只要有 5 个以上的请求，以及请求的错误率高于 50%，就会开启断路器。设置完成后，在第 21~28 行的 for 循环里，我们用第 24 行的 execute 方法模拟了 10 次请求调用。运行后，能看到如下的输出结果。

```
1   Curcuit Breaker is open, running 6 case
2   Curcuit Breaker is open, running 7 case
3   Curcuit Breaker is open, running 8 case
4   Curcuit Breaker is open, running 9 case
5   Curcuit Breaker is open, running 10 case
```

按照我们的设置，在 10 秒里，请求数如果大于 5，而且错误率高于 50%（这里是 100%），就会开启断路器，所以从第 6 个请求开始，我们能看"断路器开启"的相关打印语句。

注　意

"熔断"是针对命令组而言的，在上述案例的第 4 行，我们指定的命令组是 HystrixGroup，断路器开启后，只有在这个组里的封装在 execute 方法里的命令请求才会被熔断，包含在其他命令组里的请求依然会被正常执行，不会被熔断。

5.3.3　降级服务后的自动恢复尝试措施

当服务链路被并发量大的请求熔断时，整个系统就进入降级模式，比如把过载的请求定位到错误提示页面上。

这种服务降级其实是不得已而为之的，所以应该在过载的流量消退后，尽快恢复正常的业务功能。为了实现这样的功能，Hystrix 提供了这样的便利：程序员可以事先设置一个时间段，即表 5.1 里给出的参数 hystrix.command.default.circuitBreaker.sleepWindowInMilliseconds，当断路器开启后，降级模式会持续这个指定的时间段，过后 Hystrix 会再次检查链路的流量情况，会按当前的负载情况再行决定是继续熔断还是恢复正常。

在 CurcuitBreakerRestoreDemo.java 的案例中，我们将根据实际项目里的场景综合演示服务降级以及恢复的做法，包含如下看点。

第一，有些模块会同时给其他多个模块提供服务，比如会员管理模块会同时给订单管理、优惠券管理和博客模块提供服务，一旦会员管理模块请求负载过重，应当优先保证向一些重要的模块（比如订单管理模块）提供服务，相应的，可以熔断一些来自优先级比较低的模块（比如博客模块）的请求。

第二，当流量负载过高时，确实应当通过断路器熔断一些请求，但最好是在熔断后的某个时间段后再次尝试。因为在这个时间点流量可能已经恢复正常，这时就应当终止降级模式。

下面我们按部分讲解这个案例。

```
1   //省略必要的 package 和 import 方法
2   //这是个会员管理模块
3   class UserInfo extends HystrixCommand<String>{
4       // 设置超时的时间为 500 毫秒
5       public UserInfo() {    super(Setter.withGroupKey
        (HystrixCommandGroupKey.Factory.asKey("HystrixGroup")));
6       }
7       protected String run() throws Exception {
8           // 返回用户信息
9           return "Peter";
10      }
11  }
```

在第 3~11 行定义的 UserInfo 类里，我们模拟地实现了用户信息管理模块的功能，在第 7 行的 run 方法里，该模块返回一个用户信息 "Peter"。

```
12  public class CurcuitBreakerRestoreDemo extends HystrixCommand<String>{
13      // 设置超时的时间为 500 毫秒
14      public CurcuitBreakerRestoreDemo() {super(Setter.withGroupKey
        (HystrixCommandGroupKey.Factory.asKey("HystrixGroup")).
        andCommandPropertiesDefaults(HystrixCommandProperties.Setter().
        withExecutionTimeoutInMilliseconds(500)));
15      }
16      protected String run() throws Exception {
17          // 模拟处理超时
18          Thread.sleep(500);
19          return new UserInfo().execute();
20      }
21      @Override
22      protected String getFallback() {
23          return "FallBack";
24      }
```

在上述的构造函数中，run 方法与 getFallback 方法和 CurcuitBreakerCloseDemo 类里的是一样的，所以就不再分析了。

```
25      public static void main(String[] args) throws Exception {
26          // 10 秒内有 5 个请求
27          ConfigurationManager.getConfigInstance().setProperty(
```

```
                 "hystrix.command.default.metrics.rollingStats.
                 timeInMilliseconds", 10000);
28   ConfigurationManager.getConfigInstance().setProperty(
                 "hystrix.command.default.circuitBreaker.
                 requestVolumeThreshold", 5);
29   ConfigurationManager.getConfigInstance().setProperty(
                 "hystrix.command.default.circuitBreaker.
                 errorThresholdPercentage", 50);
30   ConfigurationManager.getConfigInstance().setProperty(
                 "hystrix.command.default.circuitBreaker.
                 sleepWindowInMilliseconds", 5000);
31   //通过 for 循环开启 7 个请求，故意造成熔断的效果
32   for(int i = 0; i < 7; i++) {
33       // 执行的命令全部都会超时
34       CurcuitBreakerRestoreDemo c = new
             CurcuitBreakerRestoreDemo();
35       c.execute();
36       // 断路器打开后输出信息
37       if(c.isCircuitBreakerOpen()) {
38           System.out.println("Curcuit Breaker is open, running " +
             (i + 1) + " case");
39       }
40   }
41   //sleep 6 秒，错开熔断后的等待时间
42   Thread.sleep(6000);
43   System.out.println("After 6 seconds");
44   CurcuitBreakerRestoreDemo c = new CurcuitBreakerRestoreDemo();
45   System.out.println(c.execute());
46   }
47 }
```

在 main 函数的第 27~30 行里，我们做了如下设置：计量时间范围是 10000 毫秒（也就是 10 秒），在每个计量时间范围内，只要有 5 个以上的请求，以及请求的错误率高于 50%，就会开启断路器，而且当断路器开启 5 秒后，会再次自动尝试。

所以从第 32 行开始的 for 循环里，我们能看到关于断路器打开的打印。在之后的第 42 行里，我们故意让当前线程 sleep 6 秒，以错开断路器的等待时间。在之后的第 45 行里，当我们再次请求会员管理模块的服务时，服务已恢复正常。

本程序的运行结果能很好地验证上述讲解，其中从前两行的打印中我们能看到断路器已经开启，在第 4 行的输出语句里我们能看到会员服务已经恢复正常。

```
1   Curcuit Breaker is open, running 6 case
2   Curcuit Breaker is open, running 7 case
3   After 6 seconds
4   Peter
```

5.3.4　线程级别的隔离机制

在实际的 Web 项目里，我们往往会为各功能模块设置一个最大线程数上限，这种"隔离管理"做法的用意是，一旦某个模块（比如订单管理模块）流量负载过大，即使熔断，影响范围也只是本

模块，不会影响到整个系统。

对应地，Hystrix 也提供了"线程隔离"和"信号量隔离"的两种保护措施，哪怕断路器没开，只要该请求所在的线程池（或信号量）资源满了，也会触发回退，不处理相应的请求。在下面的 ThreadIsolatedDemo.java 里，我们将讲解线程池级别的隔离保护措施。

```
1    //省略必要的package和import代码
2    public class ThreadIsolatedDemo extends HystrixCommand<String> {
3        private String name;
4        public ThreadIsolatedDemo(String name) {
5            super(Setter.withGroupKey(HystrixCommandGroupKey.Factory.
             asKey("ThreadIsolatedDemo")).andThreadPoolKey
             (HystrixThreadPoolKey.Factory.asKey("ThreadGroup") )  );
6            this.name = name;
7        }
8        protected String run() throws Exception {
9            System.out.println("In Run Name is: " + name);
10           return name;
11       }
12       protected String getFallback() {
13           System.out.println("In GetFallBack, name is:" + name);
14           return name;
15       }
16       //主函数
17       public static void main(String[] args) {
18   //不开启断路器 ConfigurationManager.getConfigInstance().setProperty
     ("hystrix.command.default.circuitBreaker.forceOpen", "false");
19           // 配置最大线程数是2
20           ConfigurationManager.getConfigInstance().setProperty(
21           "hystrix.threadpool.default.coreSize", 2);
22           //创建3个线程，开启第3个线程时报错
23           for(int ind = 1; ind <= 3; ind++) {
24               ThreadIsolatedDemo demo = new ThreadIsolatedDemo
                 (Integer.valueOf(ind).toString());
25               demo.queue();
26           }
27       }
28   }
```

在构造函数的第 4 行里，我们设置了线程组 ThreadGroup，在这个案例中，我们设置了线程组里最大线程数是 2，所以如果该线程组里的请求数量超过 2，即会开启断路器。如果这里我们没有设置线程组名，而是只设置了命令组名，就会统计当前命令组里的线程数，超过则熔断。

在 main 函数的第 18 行里，我们故意设置了断路器是"关闭"，在第 20 行里，设置了在当前线程组内最大线程数是 2，如果没有设置线程组名就在当前命令组中统计最大线程数。之后通过从第 23 行开始的 for 循环创建了 3 个请求，在调用第 3 个请求时，由于线程数超标，因此会进入回退模式，调用 getFallback 方法，输出"In GetFallBack, name is:3"。

由于在 Web 应用里常规的做法是用一个线程处理一个请求，因此相比"信号量隔离机制"，基于线程组的隔离保护措施用得更多一些。

5.3.5　信号量级别的隔离机制

相比于线程级别的隔离机制，信号量级别的隔离机制无须线程间的切换，所以需要的系统资源相对少一些，但由于不支持异步处理和请求超时异常，因此这种隔离机制的应用场景比较少。

在下面的 SemaphoreIsolatedDemo.java 里，我们将演示基于信号量隔离机制的实现方式。

```
1   //省略必要的 package 和 import 代码
2   public class SemaphoreIsolatedDemo extends HystrixCommand<String> {
3       private String name;
4       public SemaphoreIsolatedDemo(String name) {
5           super(Setter.withGroupKey(HystrixCommandGroupKey.Factory
6               .asKey("ThreadIsolatedDemo")) );
7           this.name = name;
8       }
9       protected String run() throws Exception {
10          System.out.println("In Run Name is: " + name);
11          return name;
12      }
13      protected String getFallback() {
14          System.out.println("In GetFallBack, name is:" + name);
15          return name;
16      }
17  //上述代码和基于线程实现隔离机制的 ThreadIsolatedDemo.java 是一致的
18      public static void main(String[] args) {
19          //不开启断路器
20          ConfigurationManager.getConfigInstance().setProperty
            ("hystrix.command.default.circuitBreaker.forceOpen", "false");
21          //设置隔离策略是信号量
22          ConfigurationManager.getConfigInstance().setProperty("hystrix.
            command.default.execution.isolation.strategy",
            ExecutionIsolationStrategy.SEMAPHORE);
23          // 设置信号量的最大并发数是 2
24          ConfigurationManager.getConfigInstance().setProperty(
            "hystrix.command.default.execution.isolation.semaphore.
            maxConcurrentRequests",2);
25  //       //不能用异步的方式调用
26  //       for(int ind = 1; ind <= 3; ind++) {
27  //           SemaphoreIsolatedDemo demo = new SemaphoreIsolatedDemo
                (Integer.valueOf(ind).toString());
28  //           demo.queue();
29  //       }
30          //开启 4 个线程同时调用
31          for (int ind = 1; ind < 5; ind++) {
32              new Caller(Integer.valueOf(ind).toString()).start();
33          }
34      }
35  }
```

在 main 函数的第 20 行里，我们同样关闭了断路器；在第 22 行里，设置隔离策略是"信号量"；在第 24 行里，设置最大并发数量是 2。

由于基于信号量的隔离机制不支持异步，因此不能用类似于第 28 行的用 queue 的方式调用，只能用类似于第 32 行的启动多线程的方式来模拟多个请求同时到达。其中，Caller 类定义如下：

```
36  class Caller extends Thread{
37      String name;
38      public Caller(String name)  //构造函数
39      { this.name = name; }
40      public void run(){
41          SemaphoreIsolatedDemo c = new SemaphoreIsolatedDemo(name);
42          c.execute();
43      }
44  }
```

本代码的运行结果如下,可能每次运行结果都不相同,但每次都能看到有两个请求成功运行,
另外两个由于信号量已满,所以触发 getFallBack 这个回退动作。

```
1   In GetFallBack, name is:1
2   In GetFallBack, name is:3
3   In Run Name is: 2
4   In Run Name is: 4
```

在项目中,如果确信该服务一定不会出现超时或其他异常,而且无须支持异步,那么可以用
基于信号量的隔离机制来保护该服务不会被过载地调用。但这种场景并不多见,所以这种隔离机制
一般不常见。

5.3.6 通过合并批量处理 URL 请求

哪怕一个 URL 请求调用的功能再简单,Web 应用服务都至少会开启一个线程来提供服务,换
句话说,有效降低 URL 请求数能很大程度上降低系统的负载。通过 Hystrix 提供的"合并请求"机
制,我们能有效地降低请求数量。

在如下的 HystrixMergeDemo.java 里,我们将收集 2 秒内到达的所有"查询订单"的请求,并
把它们合并到一个对象中传输给后台,后台根据多个请求参数统一返回查询结果,这种基于合并的
做法将比每次只处理一个请求的方式要高效得多,代码比较长,我们按类来说明。

```
1   //省略必要的 package 和 import 的代码
2   class OrderDetail{ //订单业务类,其中包含 2 个属性
3     private String orderId;
4     private String orderOwner;
5     //省略针对 orderId 和 orderOwner 的 get 和 set 方法
6       //重写 toString 方法,方便输出
7       public String toString() {
8           return "orderId: " + orderId + ", orderOwner: " + orderOwner ;
9       }
10  }
11  //合并订单请求的处理器
12  class OrderHystrixCollapser extends HystrixCollapser<Map<String,
    OrderDetail>, OrderDetail, String>
13  {
14      String orderId;
15      //在构造函数里传入请求参数
16      public OrderHystrixCollapser(String orderId)
17  { this.orderId = orderId;}
18  //指定根据 orderId 去请求 OrderDetail
```

```
19        public String getRequestArgument()
20    { return orderId;    }
21    //创建请求命令
22        protected HystrixCommand<Map<String, OrderDetail>> createCommand(
23            Collection<CollapsedRequest<OrderDetail, String>> requests)
24      { return new MergerCommand(requests); }
25      //把请求得到的结果和请求关联到一起
26        protected void mapResponseToRequests(Map<String, OrderDetail>
       batchResponse,
27            Collection<CollapsedRequest<OrderDetail, String>> requests) {
28            for (CollapsedRequest<OrderDetail, String> request : requests)
29            {
30                // 请注意这里是得到单个请求的结果
31                OrderDetail oneOrderDetail =
                 batchResponse.get(request.getArgument());
32                // 把结果关联到请求中
33                request.setResponse(oneOrderDetail);
34            }
35        }
36  }
```

在第 2 行中，我们定义了 OrderDetail 类。这里，我们将合并针对该类对象的请求。

在第 12 行中，我们定义了合并订单的处理器 OrderHystrixCollapser 类，它继承（extends）了 HystrixCollapser<Map<String, OrderDetail>, OrderDetail, String>类，而 HystrixCollapser 泛型中包含了 3 个参数：第一个参数 Map<String, OrderDetail>表示该合并处理器合并请求后返回的结果类型，第二个参数表示合并 OrderDetail 类型的对象，第三个参数表示根据 String 类型的请求参数来合并对象。

在第 19 行里，我们指定了是根据 String 类型的 OrderId 参数来请求 OrderDetail 对象。在第 22 行的 createCommand 方法里，我们指定了调用 MergerCommand 方法来请求多个 OrderDetail。在第 26 行的 mapResponseToRequests 方法里，我们用第 28 行的 for 循环依次把 batchResponse 对象中包含的多个查询结果设置到 request 对象里，由于 request 是参数 requests 里的元素，因此执行完第 28 行的 for 循环后，requests 对象就能关联到合并后的查询结果。

```
37  class MergerCommand extends HystrixCommand<Map<String, OrderDetail>> {
38      //用 orderDB 模拟数据库中的数据
39      static HashMap<String,String> orderDB = new HashMap<String,String> ();
40      static {
41          orderDB.put("1","Peter");
42          orderDB.put("2","Tom");
43          orderDB.put("3","Mike");
44      }
45      Collection<CollapsedRequest<OrderDetail, String>> requests;
46      public MergerCommand(Collection<CollapsedRequest<OrderDetail,
       String>> requests) {
47          super(Setter.withGroupKey(HystrixCommandGroupKey.Factory
48              .asKey("mergeDemo")));
49          this.requests = requests;
50      }
51      //在 run 方法里根据请求参数返回结果
52      protected Map<String, OrderDetail> run() throws Exception {
53          List<String> orderIds = new ArrayList<String>();
```

```
54          //通过 for 循环,整合参数
55          for(CollapsedRequest<OrderDetail, String> request : requests)
56          { orderIds.add(request.getArgument()); }
57          // 调用服务,根据多个订单 Id 获得多个订单对象
58          Map<String, OrderDetail> ordersHM = getOrdersFromDB(orderIds);
59          return ordersHM;
60      }
61      //用 HashMap 模拟数据库,从数据库中获得对象
62      private Map<String, OrderDetail> getOrdersFromDB(List<String>
    orderIds) {
63          Map<String, OrderDetail> result = new HashMap<String,
        OrderDetail>();
64          for(String orderId : orderIds) {
65              OrderDetail order = new OrderDetail();
66              //这个本该是从数据库里得到,但为了模拟,仅从 HashMap 里取数据
67              order.setOrderId(orderId);
68              order.setOrderOwner(orderDB.get(orderId) );
69              result.put(orderId, order);
70          }
71          return result;
72      }
73  }
```

在 MergerCommand 类的第 38~44 行里,我们用 orderDB 对象来模拟数据库里存储的订单数据。在第 46 行的构造函数里,我们用传入的 requests 对象来构建本类里的同名对象,在这个传入的 requests 对象里,已经包含了合并后的请求。

在第 52 行的 run 方法里,我们通过第 55 行的 for 循环,依次遍历 requests 对象,并组装包含请求参数集合的 orderIds 对象,随后在第 58 行里,通过 getOrdersFromDB 方法,根据 List 类型的 orderIds 参数,模拟地从数据库里读取数据。

```
74  public class HystrixMergeDemo{
75      public static void main(String[] args){
76          // 收集 2 秒内发生的请求,合并为一个命令执行
77          ConfigurationManager.getConfigInstance().setProperty(
        "hystrix.collapser.default.timerDelayInMilliseconds", 2000);
78          // 初始化请求上下文
79          HystrixRequestContext context =
         HystrixRequestContext.initializeContext();
80          // 创建 3 个请求合并处理器
81          OrderHystrixCollapser collapser1 = new
        OrderHystrixCollapser("1");
82          OrderHystrixCollapser collapser2 = new
        OrderHystrixCollapser("2");
83          OrderHystrixCollapser collapser3 = new OrderHystrixCollapser("3");
84          // 异步执行
85          Future<OrderDetail> future1 = collapser1.queue();
86          Future<OrderDetail> future2 = collapser2.queue();
87          Future<OrderDetail> future3 = collapser3.queue();
88          try {
89              System.out.println(future1.get());
90              System.out.println(future2.get());
91              System.out.println(future3.get());
92          } catch (InterruptedException e) {
```

```
93              e.printStackTrace();
94          } catch (ExecutionException e) {
95              e.printStackTrace();
96          }
97          /关闭请求上下文
98          context.shutdown();
99      }
100 }
```

在第 74 行定义的 HystrixMergeDemo 类里包含着 main 方法。在第 77 行里，我们设置了合并请求的窗口时间是 2 秒。在第 81~83 行，创建了 3 个合并处理器对象。在第 85~87 行，我们通过 queue 方法以异步的方式启动了 3 个处理器，并在第 89~91 行里输出了 3 个处理器返回的结果。这个程序的运行结果如下。

```
1   orderId: 1, orderOwner: Peter
2   orderId: 2, orderOwner: Tom
3   orderId: 3, orderOwner: Mike
```

虽然在 main 方法里，我们发起了 3 次调用，但由于这些调用是发生在 2 秒内的，因此会被合并处理。下面我们结合上述针对类和方法的说明，归纳一下合并处理 3 个请求的流程。

步骤01 在代码的第 81~83 行里，通过 OrderHystrixCollapser 类型的 collapser1 等 3 个对象来传入待合并处理的请求，OrderHystrixCollapser 类会通过第 16 行的构造函数分别接收 3 个对象传入的 orderId 参数，并通过第 22 行的 createCommand 方法调用 MergerCommand 类的方法执行"根据订单 Id 查订单"的业务。

说　明

由于在 OrderHystrixCollapser 内第 16 行的 getRequestArgument 方法里，我们指定了查询参数名是 orderId，因此 createCommand 方法的 requests 参数会用 orderId 来设置查询请求，同时 MergerCommand 类中的相关方法也会用该对象来查询 OrderDetail 信息。

步骤02 由于在 createCommand 方法里调用了 MergerCommand 类的构造函数，因此会触发该类第 52 行的 run 方法。在这个方法里，通过第 55~56 行的 for 循环，把 request 请求中包含的多个 Argument（也就是 OrderId）放入到 orderIds 这个 List 类型的对象中，随后通过第 58 行的 getOrdersFromDB 方法，根据这些 orderIds 去找对应的 OrderDetail 对象。

步骤03 在 getOrdersFromDB 方法里，找到对应的多个 OrderDetail 对象，并组装成 Map<String, OrderDetail> 类型的 result 对象返回，然后按调用链的关系层层返回给 OrderHystrixCollapser 类。

步骤04 在 OrderHystrixCollapser 类的 mapResponseToRequests 方法里，通过 for 循环把多次请求的结果组装到 requests 对象中。由于 requests 对象是 Collection<CollapsedRequest<OrderDetail, String>> 类型的，其中用 String 类型的 OrderId 关联到了一个 OrderDetail 对象，因此这里会把合并查询的结果拆散给 3 次请求，具体而言，就是会把 3 个 OrderDetail 对象对应地返回给第 85~87 行通过 queue 调用的 3 个请求。

> **注 意**
>
> 虽然通过合并请求的处理方法能降低 URL 请求的数量，但如果合并后的 URL 请求数过多，就会撑爆掉合并处理器（这里是 OrderHystrixCollapser 类）的缓存。比如在某项目里，虽然只设置了合并 5 秒内的请求，但正好赶上秒杀活动，在这个窗口期内的请求数过万，就有可能会出问题了。

所以，一般会在上线前先通过测试确定合并处理器的缓存容量，随后再预估一下平均每秒的可能访问数，然后据此设置合并的窗口时间。

5.4　Hystrix 与 Eureka 的整合

和 Ribbon 等组件一样，在项目中 Hystrix 一般不会单独出现，而是会和 Eureka 等组件配套出现。

在 Hystrix 和 Eureka 整合后的框架里，一般会用到 Hystrix 的断路器以及合并请求等特性，而在 Web 框架里，大多会有专门的缓存组件，所以不怎么会用到 Hystrix 的缓存特性。

5.4.1　准备 Eureka 服务器项目

代码位置	视频位置
代码\第 5 章\HystrixEurekaServer	视频\第 5 章\Hystrix 与 Eureka 的整合

HystrixEurekaServer 项目承担着 Eureka 服务器的作用，这部分的代码关键点如下。

第一，在 pom.xml 里，通过如下关键代码引入 Eureka 服务器组件的依赖包。

```
1    <dependency>
2        <groupId>org.springframework.cloud</groupId>
3        <artifactId>spring-cloud-starter-eureka-server</artifactId>
4    </dependency>
```

第二，在 application.yml 里，指定本项目的主机名和端口号，并指定对外提供 Eureka 服务的 url 路径。

```
1    server:
2      port: 8888
3    eureka:
4      instance:
5        hostname: localhost
6      client:
7        register-with-eureka: false
8        fetch-registry: false
9        serviceUrl:
10         defaultZone: http://localhost:8888/eureka/
```

第三，在 ServerStarter.java 里，编写启动 Eureka 服务的代码。这里请注意，在第 2 行和第 3

行里，通过注解声明了本类是 Eureka 服务器的启动类。

```
1    //省略必要的 package 和 import 的代码
2    @EnableEurekaServer
3    @SpringBootApplication
4    public class ServerStarter
5    {
6        public static void main( String[] args ){
7            SpringApplication.run(ServerStarter.class, args);
8        }
9    }
```

5.4.2　服务提供者的代码结构

HystrixEurekaserviceProvider 项目承担着 Eureka 服务提供者的角色。在表 5.2 里，我们能看到本项目里的目录结构。

表 5.2　HystrixEurekaserviceProvider 代码结构归纳表

文件名或目录名	描述
pom.xml	包括了本项目所用的依赖项，其中就包括 Hystrix 包的依赖项
application.yml	记录了本项目中所用到的配置信息
com	Eureka Client 的启动文件所在的包
com.controller	控制器类所在的包
com.service	service 层所在的包，在控制器类里会调用本包内的方法
com.model	存放着 OrderDetail 这个 model 类

在 pom.xml 里，我们除了指定 Eureka 的依赖包以外，还指定了 Hystrix 的依赖包，关键代码如下。其中，前 4 行指定的是 Eureka 的依赖包，后 4 行指定的是 Hystrix 的依赖包。

```
1    <dependency>
2        <groupId>org.springframework.cloud</groupId>
3        <artifactId>spring-cloud-starter-eureka</artifactId>
4    </dependency>
5    <dependency>
6        <groupId>org.springframework.cloud</groupId>
7        <artifactId>spring-cloud-starter-hystrix</artifactId>
8    </dependency>
```

在 application.yml 里，指定本项目的服务端口是 1111、对外提供的项目名是 hystrixEureka 以及向 5.4.1 小节中指定的 Eureka 服务器注册，代码如下：

```
1    server:
2      port: 1111
3    spring:
4      application:
5        name: hystrixEureka
6    eureka:
7      client:
8        serviceUrl:
9          defaultZone: http://localhost:8888/eureka/
```

5.4.3 在服务提供者项目里引入断路器机制

在服务提供者的启动类 ServiceProviderApp.java 里，我们通过加入@EnableCircuitBreaker 注解来启动断路器，代码如下：

```
1   //省略必要的 package 和 import 代码
2   @SpringBootApplication
3   @EnableEurekaClient
4   @EnableCircuitBreaker
5   @ServletComponentScan
6   public class ServiceProviderApp
7   {
8       public static void main( String[] args ){
9           SpringApplication.run(ServiceProviderApp.class, args);
10      }
11  }
```

在 Controller.java 这个控制器类里，我们在第 9 行里，通过调用 service 类提供的方法来返回具体的 OrderDetail 信息，代码如下。由于这里没有引入 Hystrix，并且在之前的篇幅里已经多次讲述过本类代码的含义，因此这里不再详细讲述。

```
1   //省略必要的 package 和 import 代码
2   @RestController
3   public class Controller {
4       @Autowired
5       private OrderDetailService service;
6       //对外提供服务的 getOrderDetailById 方法
7       @RequestMapping(value = "/getOrderDetailById/{orderId}",
        method = RequestMethod.GET)
8       public OrderDetail getOrderDetailById(@PathVariable("orderId")
        String orderId) throws Exception {
9           return service.getOrderDetailByID(orderId);
10      }
11  }
```

在 OrderDetailService.java 里，我们用 HashMap 这个数据结构来模拟数据库，以此来模拟从数据库读 OrderDetail 的方式，提供了"根据 ID 找相应对象的服务"，代码如下：

```
1   //省略必要的 package 和 import 代码
2   @Service
3   public class OrderDetailService {
4       static HashMap<String,String> orderDB = new HashMap<String,String> ();
5       static //通过 static 代码，模拟数据库中存储的 OrderDetail 信息
6       {
7           orderDB.put("1","Peter");
8           orderDB.put("2","Tom");
9           orderDB.put("3","Mike");
10      }
11      //在方法之前，通过注解引入 Hystrix，并指定回退方法
12      @HystrixCommand(fallbackMethod = "getFallback")
13      public OrderDetail getOrderDetailByID(String id) throws Exception
14      {
15          OrderDetail orderDetail = new OrderDetail();
```

```
16              if("error".equals(id) ) //如果输入是 error，则故意抛出异常
17              {throw new Exception(); }
18              //模拟地从数据库里得到信息并返回
19              orderDetail.setOrderId(id);
20              orderDetail.setOrderOwner(orderDB.get(id));
21              return orderDetail;
22          }
23      //定义 Hystrix 的回退方法
24      public OrderDetail getFallback(String orderId) {
25          OrderDetail orderDetail = new OrderDetail();
26          orderDetail.setOrderId("error");
27          orderDetail.setOrderOwner("error");
28          System.out.println("In fallbackForOrderDetail function");
29          return orderDetail;
30      }
31  }
```

在第 13 行的 getOrderDetailByID 方法之前，我们在第 12 行通过 fallbackMethod 定义了回退方法，在这个方法的第 16 行里，我们定义了如果输入是 error 就抛出异常，以此触发回退方法 getFallback。而在第 24 行定义的回退方法里，将会返回一个 ID 和 Owner 都是 error 的 OrderDetail 对象。本类用到的 OrderDetail 模型类定义如下：

```
1   public class OrderDetail{
2       private String orderId;//订单 id
3       private String orderOwner; //订单所有人
4       //省略必要的 get 和 set 方法
5   }
```

至此，我们完成了开发工作，启动 HystrixEurekaServer 和 HystrixEurekaserviceProvider 后，如果在浏览器中输入"http://localhost:1111/getOrderDetailById/1"，就能看到如下输出，说明走的是正常的流程。

```
{"orderId":"1","orderOwner":"Peter"}
```

如果输入的是"http://localhost:1111/getOrderDetailById/error"，那么会在 OrderDetailService 类的 getOrderDetailByID 方法里抛出异常，从而走 Hystrix 的回退流程，由此会输入如下语句：

```
{"orderId":"error","orderOwner":"error"}
```

在这个案例中，我们是在"提供者服务"的模块引入 Hystrix 断路器，而不是在"服务调用"模块，这和项目中的常规做法相符，因为启动断路器的场景一般是"提供服务模块的流量超载"。

5.4.4　在服务调用者项目里引入合并请求机制

这里我们将在 HystrixEurekaserviceCaller 项目里调用 HystrixEurekaserviceProvider 里定义的服务。在调用时，我们将合并 5 秒内发送的请求。

代码位置	视频位置
代码\第 5 章\HystrixEurekaserviceCaller	视频\第 5 章\通过 Hystrix 合并请求

由于之前我们反复讲解过 Eureka 服务调用者的项目代码结构，因此这里我们给出实现合并请

求的关键步骤。

步骤01 在控制器类 Controller.java 里，初始化 Hystrix 请求上下文，并通过 Future 对象多次发送请求，代码如下：

```
1    //省略必要的package和import代码
2    @Configuration
3    @RestController
4    public class Controller {
5        @Autowired
6        private OrderDetailService service;//提供服务的service类
7        //在这个方法里，将演示合并请求的效果
8        @RequestMapping(value = "/mergeDemo", method = RequestMethod.GET)
9        public List<OrderDetail> hystrixMergeDemo() throws Exception {
10           //初始化Hystrix请求上下文
11           HystrixRequestContext context = HystrixRequestContext
12             .initializeContext();
13           //通过定义3个Future对象，调用3次请求
14           Future<OrderDetail> f1 = service.getOneOrderDetail("1");
15           Future<OrderDetail> f2 = service.getOneOrderDetail("2");
16           Future<OrderDetail> f3 = service.getOneOrderDetail("3");
17           OrderDetail o1 = f1.get();
18           OrderDetail o2 = f2.get();
19           OrderDetail o3 = f3.get();
20           //把3个返回对象组装到一个List中并返回
21           List<OrderDetail> orderDetailList = new ArrayList<OrderDetail>();
22           orderDetailList.add(o1);
23           orderDetailList.add(o2);
24           orderDetailList.add(o3);
25           //释放上下文
26           context.shutdown();
27           return orderDetailList;
28       }
29   }
```

在上文的 hystrixMergeDemo 方法里，我们首先在第 11 行初始化 Hystrix 请求上下文，随后在第 14~16 行调用了 3 次 getOneOrderDetail 方法，并在第 17~19 行里通过 Furure 类型对象的 get 方法把 3 次调用的结果分别赋予 3 个 OrderDetail 类型的对象。之后，通过第 21~24 行的代码，把 3 个 OrderDetail 对象组装成一个 List<OrderDetail>类型的 orderDetailList 对象，并在第 27 行返回 orderDetailList 对象。

这里虽然是发出了 3 次调用请求，但从后文的讲解里我们能看到这 3 次请求其实是被合并处理的。由于在合并请求时，Hystrix 处理类会把请求暂存在 Hystrix 请求上下文里，因此我们一定得通过类似于第 11 行的代码初始化上下文，否则将无法得到合并请求的结果。

步骤02 之前我们看到，在 Controller 类里是调用 OrderDetailService 类的方法来查询多个订单，所以把合并请求的代码是写在这个类里的，我们来看一下代码。

```
1    //省略必要的package和import代码
2    @Component
3    public class OrderDetailService {
4        // 合并处理收集5秒内的请求
```

```
5         @HystrixCollapser(batchMethod = "getMoreOrderDetails",
          collapserProperties = {@HystrixProperty(name =
          "timerDelayInMilliseconds",value = "5000")})
6         public Future<OrderDetail> getOneOrderDetail(String id) {
7             System.out.println("in getOneOrderDetail");
8             return null;
9         }
10        @Bean
11        @LoadBalanced
12        public RestTemplate getRestTemplate()
13        { return new RestTemplate();    }
14        //这里是合并请求的代码
15        @HystrixCommand
16        public List<OrderDetail> getMoreOrderDetails(List<String> orderIds) {
17            System.out.println("in getMoreOrderDetails," + orderIds.size());
18            List<OrderDetail> list = new ArrayList<OrderDetail>();
19            RestTemplate template = getRestTemplate();
20            //通过 for 循环，调用服务提供者的方法得到 OrderDetail 对象
21            for (String orderId : orderIds) {
22                OrderDetail orderDetail = new OrderDetail();
23                orderDetail = template.getForObject(
                  "http://localhost:1111/getOrderDetailById/{orderId}",
                  OrderDetail.class,orderId);
24                list.add(orderDetail);
25            }
26            return list;
27        }
28  }
```

在第 6~9 行里，我们定义了只查询一个对象的 getOneOrderDetail 方法，在定义该方法的注解里，我们指定了会把在 5 秒内调用该方法的请求合并到 getMoreOrderDetails 方法里。在第 16~25 行的 getMoreOrderDetails 方法里，我们通过第 21~25 行的 for 循环依次遍历待查询的 orderId，并通过第 23 行的 getForObject 方法调用服务提供者的 getOrderDetailById 方法，得到对应的 OrderDetail 对象，并添加到 List<OrderDetail>类型的 list 对象中。最后，通过第 26 行的代码返回包含多次请求结果的 list 对象。

当我们启动 Eureka 服务器（HystrixEurekaServer）、服务提供者（HystrixEurekaserviceProvider）和服务调用者（HystrixEurekaserviceCaller）3 个项目后，可以在浏览器里输入如下请求，以此来查看合并请求的效果。

```
http://localhost:8080/mergeDemo
```

上述请求的输出如下，我们能看到 3 个 OrderDetail 对象。从上述的讲解能看出这 3 个对象其实是通过一次合并后的请求得到的。

```
[{"orderId":"1","orderOwner":"Peter"},{"orderId":"2","orderOwner":"Tom"},
{"orderId":"3","orderOwner":"Mike"}]
```

5.5 本章小结

　　本章不仅讲述了 Hystrix 的语法，还讲述了包含在 Hystrix 背后的各种容错保护机制的实践方式，而且在讲述 Hystrix 单独用法的基础上还讲述了在微服务体系中加入 Hystrix 保护机制的做法。

　　在之前的章节里，我们可以学到"高可用"框架的开发和配置方式。在这里，大家能进一步站在架构师的角度掌握"加强系统健壮性"的实践方式，无疑将让大家在架构师的晋级道路上迈出更坚实的一步。

第6章

服务调用框架：Feign

之前的案例中，我们是通过 RestTemplate 来调用服务的，而 Feign 框架则在此基础上做了一层封装，比如可以通过注解等方式来绑定参数，或者以声明的方式指定请求返回类型是 JSON。

这种"再次封装"能给我们带来的便利有两点，第一，开发者无须像使用 RestTemplate 那样过多地关注 HTTP 调用细节；第二，在大多数场景里，某种类型的调用请求会被在多个地方多次使用，通过 Feign 能方便地实现这类"重用"。

本章将围绕实际项目的需求讲述 Feign 在项目中的使用要求，比如 Ribbon 和 Hystrix 等和 Feign 组合使用的方式，所以大家在学完本章后，不仅能知道概念，还能真正在项目中学会使用 Feign。

6.1　通过案例快速上手 Feign

这里我们不讲 Feign 的概念，而是先通过一个案例来讲述 Feign 的开发方式，大家能从中对比地看到 Feign 调用和基于 RestTemplate 调用的差异，由此直观地感受到 Feign 组件的便利性。

在这个案例中，我们将用 Eureka 组件来开发服务注册项目和服务提供项目，由于这部分的知识点在前文中已经讲过，因此这里我们只给出关键性的配置，具体的细节大家可以参照本书附带的代码。

6.1.1　编写服务注册项目和服务提供项目

本小节将搭建一个基于 Eureka 的服务器和一个服务提供者，以便后继的 Feign 客户端调用。

在 FeignDemo-Server 项目里，搭建基于 Eureka 的服务器，其代码和视频位置如下。

代码位置	视频位置
代码\第 6 章\FeignDemo-Server	视频\第 6 章\Feign 案例演示（服务注册）

该项目的端口号是 8888，主机名是 localhost，启动后，能通过 http://localhost:8888/eureka/查看注册到 Eureka 服务器中的诸多服务提供者或调用者的信息。

在 FeignDemo-ServiceProvider 项目的控制器类里，我们提供了一个 sayHello 方法，具体代码和视频位置如下。

代码位置	视频位置
代码\第 6 章\FeignDemo-ServiceProvider	视频\第 6 章\Feign 案例演示（服务提供）

本项目提供服务的端口号是 1111，对外提供的 application name（服务名）是 sayHelloServiceProvider，是向 FeignDemo-Server 服务器（也是 Eureka 服务器）的 http://localhost:8888/ eureka/注册服务。

而提供 sayHello 的方法如下，我们能从中看到对应的 RequestMapping 值。

```
1       @RequestMapping(value = "/hello/{username}", method =
        RequestMethod.GET  )
2       public String sayHello(@PathVariable("username") String username){
3       return "hello " + username;
4    }
```

6.1.2 通过 Feign 调用服务

这里我们将在 FeignDemo-ServiceCaller 项目里演示通过 Feign 调用服务的方式。

代码位置	视频位置
代码\第 6 章\FeignDemo-ServiceCaller	视频\第 6 章\Feign 案例演示（服务调用）

步骤01 在 pom.xml 中引入 Eureka、Ribbon 和 Feign 的相关包，关键代码如下。

其中，通过第 1~9 行代码引入 Eureka 包，通过第 10~13 行代码引入 Ribbon 包，通过第 14~17 行代码引入 Feign 包。

```
1    <dependency>
2        <groupId>org.springframework.boot</groupId>
3        <artifactId>spring-boot-starter-web</artifactId>
4        <version>1.5.4.RELEASE</version>
5    </dependency>
6    <dependency>
7            <groupId>org.springframework.cloud</groupId>
8            <artifactId>spring-cloud-starter-eureka</artifactId>
9    </dependency>
10    <dependency>
11            <groupId>org.springframework.cloud</groupId>
12            <artifactId>spring-cloud-starter-ribbon</artifactId>
13    </dependency>
14    <dependency>
15            <groupId>org.springframework.cloud</groupId>
16            <artifactId>spring-cloud-starter-feign</artifactId>
17    </dependency>
```

步骤02　在 application.yml 中，通过第 3 行代码定义本项目的名字叫 callHelloByFeign，通过第 5 行代码指定本项目工作在 8080 端口。同时通过第 9 行代码指定本项目是向 http://localhost:8888/eureka/（也就是 FeignDemo-Server）这个 Eureka 服务器注册的。

```
1    spring:
2      application:
3        name: callHelloByFeign
4    server:
5      port: 8080
6    eureka:
7      client:
8        serviceUrl:
9          defaultZone: http://localhost:8888/eureka/
```

步骤03　在启动类中，通过第 1 行代码添加支持 Feign 的注释，关键代码如下。这样，在启动这个 Eureka 客户端时，就可以引入 Feign 支持。

```
1    @EnableFeignClients
2    @EnableDiscoveryClient
3    @SpringBootApplication
4    public class ServiceCallerApp
5    {
6        public static void main( String[] args )
7        {    SpringApplication.run(ServiceCallerApp.class, args);  }
8    }
```

步骤04　通过 Feign 封装客户端调用的细节，外部模块是通过 Feign 来调用客户端的，这部分代码在 Controller.java 中。

```
1    //省略必要的 package 和 import 的代码
2    //通过注解指定待调用的服务名
3    @FeignClient("sayHelloServiceProvider")
4    //在这个接口里，通过 Feign 封装客户端的调用细节
5    interface FeignClientTool
6    {
7        @RequestMapping(method = RequestMethod.GET, value =
         "/hello/{name}")
8      String sayHelloInClient(@PathVariable("name") String name);
9    }
10   //Controller 是控制器类
11   @RestController
12   public class Controller {
13       @Autowired
14       private FeignClientTool tool;
15   //在 callHello 方法中，是通过 Feign 来调用服务的
16       @RequestMapping(value = "/callHello", method = RequestMethod.GET)
17       public String callHello(){
18          return tool.sayHelloInClient("Peter");
19       }
20   }
```

在 Controller.java 文件中定义了一个接口和一个类。在第 5 行的 FeignClientTool 接口中，我们封装了 Feign 的调用业务，具体来说，是通过第 3 行的 FeignClient 注解指定该接口会调用

"sayHelloServiceProvider"服务提供者的服务，而通过第 8 行指定调用该服务提供者中 sayHelloInClient 的方法。

在第 12~20 行的 Controller 类中，先是在第 14 行中通过 Autowired 注解引入了 FeignClientTool 类型的 tool 类，随后在第 17 行的 callHello 方法中通过 tool 类的 sayHelloInClient 方法调用了服务提供者的相关方法。

也就是说，在 callHello 方法中，我们并没有通过 RestTemplate 以输入地址和服务名的方式调用服务，而是通过封装在 FeignClientTool（Feign 接口）中的方法调用服务。

完成上述代码后，我们可以通过如下步骤查看运行效果。

步骤01 启动 FeignDemo-Server 项目，随后输入"http://localhost:8888/"，能看到注册到 Eureka 服务器中的诸多服务。

步骤02 启动 FeignDemo-ServiceProvider 项目，随后输入"http://localhost:1111/hello/Peter"，能调用其中的服务，此时能在浏览器中看到"hello Peter"的输出。

步骤03 启动 FeignDemo-ServiceCaller 项目，随后输入"http://localhost:8080/callHello"，同样能在浏览器中看到"hello Peter"的输出。请注意，这里的调用是通过 Feign 完成的。

6.1.3 通过比较其他调用方式来了解 Feign 的封装性

在之前的代码中，我们是使用如下形式通过 RestTemplate 对象来调用服务的。

```
1   RestTemplate template = getRestTemplate();
2       String retVal = template.getForEntity("http://sayHello/hello/
        Eureka", String.class).getBody();
```

在第 2 行的调用中，我们需要指定 url 以及返回类型等信息。

之前我们还见过基于 RestClient 对象的调用方式，关键代码如下。

```
1   RestClient client = (RestClient)ClientFactory.
    getNamedClient("RibbonDemo");
2   HttpRequest request = HttpRequest.newBuilder().uri(new URI("/hello")).
    build();
3   HttpResponse response = client.executeWithLoadBalancer(request);
```

其中，在第 1 行指定发起调用的 RestClient 类型的对象，在第 2 行指定待调用的目标地址，随后在第 3 行发起调用。

这两种调用方式的共同点：调用时，需要详细地知道各种调用参数，比如服务提供者的 url，如果有需要通过 Ribbon 实现负载均衡等机制，也需要在调用时一并指定。

但事实上，这些调用方式的底层细节应该向服务使用者屏蔽，比如在调用时无须关注目标 url 等信息。这就好比某位老板要秘书去订飞机票，作为服务使用者的老板只应当关心调用的结果，比如买到的飞机票是几点开的，该去哪个航站楼登机，至于调用服务的底层细节，比如该到哪个订票网站去买，服务使用者无须知道。

说得更专业些，这叫"解耦合"，即降低服务调动者和服务提供者之间的耦合度。这样的好处是，一旦服务提供者改变了实现细节（没改变服务调用接口），那么服务调用者部分的代码无须改动。

我们再来回顾一下通过 Feign 调用服务的方式。

```
1    private FeignClientTool tool; //定义 Feign 类
2    tool.sayHelloInClient("Peter"); //直接调用
```

第 2 行是调用服务，但其中，我们看不到任何服务提供者的细节，因为这些都在第 1 行引用的 FeignClientTool 类中封装掉了。也就是说，通过基于 Feign 的调用方式，开发者能真正地做到"面向业务"，而无须过多地关注发起调用的细节。

6.2　Feign 的常见使用方式

在上文的案例中，我们演示了通过 Feign 传递参数和返回结果的做法。在本节，我们将在此基础上讲述 Feign 在实际项目中的其他常见用法，从而能让大家掌握 Feign 在项目中的常见用法。

6.2.1　通过继承改善项目架构

我们经常在方法中返回自定义的业务对象，比如在如下方法中返回的是自定义的订单类。

```
1    public Order getOrder(){ 省略业务方法 }
```

这里存在一个问题：在提供服务和调用服务的项目中，我们不得不多次定义这类业务类，所以会有"同一段代码多次出现"的"代码重复"问题，这对项目的可维护性非常不利，比如需要修改某个业务类中的字段，那么我们不得不在多个类中多次修改，万一有地方漏改了，就会出问题。

针对这类问题，我们可以通过"继承"特性优化代码结构，具体的实现步骤如下。

代码位置	视频位置
代码\第 6 章\FeignBaseProj 代码\第 6 章\FeignDemo-Server 代码\第 6 章\FeignDemo-ServiceProvider 代码\第 6 章\FeignDemo-ServiceCaller	视频\第 6 章\通过 Feign 改善代码架构

步骤01　新建一个通用的项目 FeignBaseProj，在其中定义服务提供者和调用者都会用到的业务类 Order.java，代码如下。

```
1    public class Order {
2        private String orderID;        //订单 ID
3        private int amount;            //订单金额
4        private String owner;          //订单拥有者
5        //省略必要的 get 和 set 方法
6    }
```

同时，在 FeignBaseProj 项目中，定义一个封装服务方法的接口 OrderServerInterface。

```
1    public interface OrderServiceInterface {
2      @RequestMapping(value="getOrder",method=RequestMethod.GET)
3      Order getOrderByID(@RequestHeader("id") String id);
4    }
```

在第 3 行，我们定义了一个根据 id 查找订单的 getOrderByID 方法，该方法在服务提供者和服务调用者的项目中均会被用到。在第 2 行中，我们通过@RequestMapping 定义了该方法的调用路径，同时，在第 3 行通过@RequestHeader 注解指定了该方法需要绑定 id 这个参数。

步骤02 改写 FeignDemo-ServiceProvider 项目的 pom 文件，在其中添加引入 FeignBaseProj 包的代码。

```
1      <dependency>
2          <groupId>com.springboot</groupId>
3          <artifactId>FeignBaseProj</artifactId>
4          <version>0.0.1-SNAPSHOT</version>
5      </dependency>
```

通过上述代码，FeignDemo-ServiceProvider 项目就能使用 FeignBaseProj 项目中定义的 Order 业务类和包含订单服务方法的 OrderServiceInterface 接口了。

同时，在这个项目中，定义另一个提供订单服务的控制器类 OrderController.java，代码如下。

```
1    //省略必要的 package 和 import 方法
2    @RestController //说明这个类是控制器类
3    public class OrderController implements OrderServiceInterface {
4        //实现具体的方法
5        public Order getOrderByID(String id) {
6            Order order = new Order();
7            order.setOrderID(id);
8            order.setAmount(100);
9            order.setOwner("Tom");
10           return order;
11       }
12   }
```

在第 5 行中，我们实现了具体的根据 id 查订单的方法。这里，我们看不到类似@RequestMapping 的注解，也就是说，我们已经在接口中定义了服务路径和服务绑定参数等的信息，只需要定义业务动作即可。

步骤03 在使用服务的 FeignDemo-ServiceCaller 项目中，同样在 pom.xml 中引入 FeignBaseProj 项目，具体代码和步骤 **步骤02** 中的一致。

此外，再定义一个 Feign 客户端的接口 FeignInterface.java，代码如下。

```
1    //省略必要的 package 和 import 代码
2    @FeignClient(value="sayHelloServiceProvider")
3    public interface FeignInterface extends OrderServiceInterface
4    {}
```

在第 2 行中，我们通过@FeignClient 的 value 值指定了待调用服务的名字（applicationName），这需要和 FeignDemo-ServiceProvider 项目中 application.yml 中的 application.name 值一致。

通过第 3 行代码，我们能看到该接口继承了 FeignBaseProj 项目中的 OrderServiceInterface 接口，所以在这个 Feign 客户端中，能用到 OrderServiceInterface 中的 getOrderByID 方法。

随后，在这个项目中重新定义一个控制器类 ControllerForFeign.java。在其中通过 Feign 客户端对象调用 getOrderByID 服务，代码如下。

```
1    //省略必要的 package 和 import 代码
2    @RestController //这也是一个控制器类
3    public class ControllerForFeign {
4        @Autowired
5        private FeignInterface feignTool;
6        @RequestMapping(value = "/getOrder", method = RequestMethod.GET)
7        public Order getOrder()
8        { return feignTool.getOrderByID("101");}
9    }
```

在第 5 行中，我们通过@Autowired 注解引入了 Feign 客户端的接口 feignTool 对象，在第 7 行的 getOrder 方法中用 feignTool 对象调用了 getOrderByID 服务。

至此，我们完成了代码的编写。随后可以通过如下步骤来查看运行结果。

步骤01 启动 FeignDemo-Server 和 FeignDemo-ServiceProvider 项目，随后在浏览器中输入 "http://localhost:1111/getOrder"，能看到有输出结果。输出结果是："{"orderID":null,"amount":100, "owner":"Tom"}"。

步骤02 启动 FeignDemo-ServiceCaller 项目，随后输入 "http://localhost:8080/getOrder"，能看到相同的输出结果。

从输出结果上来看，和 6.1 节很相似，但从代码结构上来看，由于我们把通用性的业务类和接口定义到了 FeignBaseProj 项目中，在相关类中只是引用，而不是多次重复定义。

而且，在封装 Feign 客户端的 FeignInterface 接口中，只是继承了 FeignBaseProj 中相关提供服务的接口，也不是重复定义。

所以，在本节通过"继承"实现的案例具有较高的维护性。况且，在本节中，只有一处需要调用服务，如果在其他项目中，同一个服务会被调用多次，那么这种可维护性给我们带来的便利将更加明显。

6.2.2　通过注解输出调用日志

在开发和调试阶段，我们希望能看到日志，从而能定位和排查问题。这里，我们将讲述在 Feign 中输出日志的方法，以便大家在通过 Feign 调用服务时能看到具体的服务信息。

这里我们将改写 FeignDemo-ServiceCaller 项目。

改动点 1：在 application.yml 文件中增加如下代码，以开启 Feign 客户端的 DEBUG 日志模式。请注意，这里需要指定完成的路径，就像第 3 行那样。

```
1    logging:
2      level:
3        com.controller.FeignClientTool: DEBUG
```

改动点 2：在这个项目的启动类 ServiceCallerApp.java 中增加定义日志级别的代码。在第 7~9 行的 feignLoggerLevel 方法中，我们通过第 8 行代码指定 Feign 日志级别是 FULL。

```
1    //省略必要的 pacakge 和 import 代码
2    @EnableFeignClients
3    @EnableDiscoveryClient
4    @SpringBootApplication
5    public class ServiceCallerApp{
```

```
6        @Bean //定义日志级别是 FULL
7        Level feignLoggerLevel()    {
8            return Level.FULL;
9        }
10       //启动类
11       public static void main( String[] args ) {
12           SpringApplication.run(ServiceCallerApp.class, args);
13       }
14  }
```

完成后，依次运行 Eureka 服务器、服务提供者和服务调用者的启动类，随后在浏览器中输入
"http://localhost:8080/callHello"，即可在控制台中看到 DEBUG 级别的日志。下面给出了部分输出。

```
1    2018-06-17 12:18:27.296 DEBUG 208 --- [rviceProvider-2]
     com.controller.FeignClientTool   : [FeignClientTool#sayHelloInClient]
     ---> GET http://sayHelloServiceProvider/hello/Peter?name=Peter HTTP/1.1
2    2018-06-17 12:18:27.296 DEBUG 208 --- [rviceProvider-2]
     com.controller.FeignClientTool   : [FeignClientTool#sayHelloInClient]
     ---> END HTTP (0-byte body)
```

从第 1 行的输出中，我们能看到以 GET 的方式向 FeignClientTool 类的 sayHelloInClient 方法发
起调用，从第 2 行的输出中，能看到调用结束。

在上文中，我们用的是 FULL 级别的日志，此外，还有 NONE、BASIC 和 HEADERS 三种。
在表 6.1 中，我们将详细讲述各级别日志的输出情况。

表 6.1 Feign 各级别日志的输出情况

日志输出级别	描述
NONE	不输出任何日志
BASIC	只输出请求的方法、请求的 URL 和相应的状态码，以及执行的时间
HEADERS	除了会输出 BASIC 级别的日志外，还会记录请求和响应的头信息
FULL	输出所有的与请求和响应相关的日志信息

一般情况下，在调试阶段可以把日志级别设置成 FULL，等上线后，可以把级别调整为 BASIC，
因为，在生产环境上过多的日志反而会降低排查和定位问题的效率。

6.2.3 压缩请求和返回以提升访问效率

在网络传输过程中，如果我们能降低传输流量，那么可以提升处理请求的效率。尤其在一些
日常访问量比较高的网络应用中，如果能降低处理请求（Request）和发送返回信息（Response）
的时间，就能提升本站的吞吐量。

在 Feign 中，我们一般能通过如下配置来压缩请求和响应。

第一，可以通过在 application.yml 中增加如下配置来压缩请求和返回信息。

```
1    feign:
2      compression:
3        request:
4          enabled: true
5    feign:
```

```
6      compression:
7        response:
8          enabled: true
```

其中，前 4 行是压缩请求，而后 4 行是压缩返回。

第二，可以通过如下代码设置哪类请求（或返回）将被压缩。这里我们在第 4 行中指定了两类格式的请求将被压缩。

```
1  feign:
2    compression:
3      request:
4        mime-types: text/xml,application/xml
```

第三，可以通过如下代码指定待压缩请求的最小值，这里是 2048。也就是说，超过这个值的 request 才会被压缩。

```
1  feign:
2    compression:
3      request:
4        min-request-size: 2048
```

6.3　通过 Feign 使用 Ribbon 负载均衡特性

根据上文的学习，我们知道通过 Feign 可以封装服务调用端的代码，而第 4 章提到的基于 Ribbon 的负载均衡机制，一般也是部署在服务调用端，所以在实际的项目中，我们往往会整合使用 Feign 和 Ribbon 两个组件。

这样做的好处是，能通过 Feign "封装" 特性向业务开发者屏蔽掉 "负载均衡" 的实现细节，从而让业务代码能更关注于 "业务功能逻辑"，而无须考虑所需服务的调用方式。

6.3.1　准备 Eureka 服务器以及多个服务提供者

这里，我们将重用 4.4.6 小节提供的两个（即主从）Eureka 服务项目以及三个服务提供者的项目。随后在此基础上，在服务调用者的项目中，通过 Feign 以负载均衡的方式调用三个服务提供者所提供的 sayHello 方法。具体所用到的项目如表 6.2 所示。

表 6.2　通过 Feign 调用 Ribbon 案例中用到的项目归纳表

项目名	作用
EurekaRibbonDemo-Server	Eureka 服务器
EurekaRibbonDemo-backup-Server	Eureka 服务器，和另一台相互注册，以搭建主从热备的 Eureka 服务器集群
EurekaRibbonDemo-ServiceProviderOne EurekaRibbonDemo-ServiceProviderTwo EurekaRibbonDemo-ServiceProviderThree	向 Eureka 服务器注册的服务提供者
FeignDemo-ServiceCaller	其中包含 Feign 整合 Ribbon 的代码

6.3.2 通过 Feign 以 Ribbon 负载均衡的方式调用服务

在 FeignDemo-ServiceCaller 项目里开发 Feign 整合 Ribbon，具体的步骤如下。

步骤01 在 pom.xml 中，引入 Ribbon 依赖包，关键代码如下。

```
1    <dependency>
2      <groupId>org.springframework.cloud</groupId>
3      <artifactId>spring-cloud-starter-ribbon</artifactId>
4    </dependency>
```

步骤02 在 ControllerForFeignRibbon.java 中，编写 Feign 以 Ribbon 负载均衡的方式调用服务的代码。

```
1    //省略必要的 package 和 import 的代码
2    //这和 Ribbon Provider 中的 applicationname 一致
3    @FeignClient(value = "sayHello")
4    interface FeignClientRibbonTool
5    {
6        @RequestMapping(method = RequestMethod.GET, value =
         "/sayHello/{username}")
7        String sayHelloAsRibbon(@PathVariable("username") String username);
8    }
9    @RestController
10   public class ControllerForFeignRibbon {
11       @Autowired
12       private FeignClientRibbonTool tool;
13       @RequestMapping(value = "/callHelloAsRibbon/{username}", method =
          RequestMethod.GET)
14       public String callHelloAsRibbon(@PathVariable("username")
          String username) {
15           return tool.sayHelloAsRibbon(username);
16       }
17   }
```

在第 4~8 行，我们定义了一个名为 FeignClientRibbonTool 的接口。其中，在第 3 行中，我们通过@FeignClient 注解指定了该 Feign 接口将会调用名为 sayHello 的服务。请注意，这里的 sayHello 命名需要和 EurekaRibbonDemo-ServiceProviderOne 等项目 application.yml 中的相应配置一致。

在第 10~17 行中，我们通过@RestController 注解定义了一个名为 ControllerForFeignRibbon 的控制器类。在其中第 14 行的 callHelloAsRibbon 中，我们是通过 Feign 接口中的 sayHelloAsRibbon 方法调用服务的。

步骤03 在 application.yml 中，编写 Ribbon 的相关配置信息，关键代码如下。

```
1    sayHello:
2      ribbon:
3        listOfServers: http://localhost:1111/,http://localhost:2222/,
          http://localhost:3333
4        ConnectionTimeout: 1000
5    ribbon:
6      ConnectionTimeout: 2000
```

在第 1~4 行，我们通过配置指定了基于 ribbon 的多台服务器，它们将以负载均衡的方式承担请求 url，而且还指定了连接超时的时间。从第 1 行我们能看到，这个配置是针对 sayHello 这个服务实例的。而在第 5 行和第 6 行，我们配置了全局性的 ribbon 属性，这里也配置了连接超时时间。

完成开发后，启动定义在表 6.2 中的两台 Eureka 服务器、三台服务提供者和一台服务调用者程序后，在浏览器中多次输入"http://localhost:8080/callHelloAsRibbon/Peter"以调用服务，这时我们能看到如下输出。从输出结果来看，我们以 Feign 的形式调用的请求确实被均衡地转发到三台服务提供者的机器上。

```
1    Hello Ribbon, this is Server1, my name is:Peter
2    Hello Ribbon, this is Server2, my name is:Peter
3    Hello Ribbon, this is Server3, my name is:Peter
```

这里我们来总结一下 Feign 整合 Ribbon 的要点。

第一，多个服务器提供者的实例名应当一致，比如这里都是 sayHello。

第二，在 Feign 的接口中，是通过@FeignClient 的注解调用服务提供者的方法的。

第三，我们在 application.yml 配置文件中指定 Ribbon 的各种参数，其实也可以像 4.5.3 小节描述的那样，通过@Configuration 注解在 Java 文件中配置 Ribbon 的参数。

6.4　Feign 整合 Hystrix

在通过 Feign 调用服务时，同样不能保证服务一定可用，为了提升客户体验，这里可以通过引入 Hystrix 对访问请求进行"容错保护"。

这里，我们将重用第 6.1 节创建的 FeignDemo-Server 项目作为 Eureka 服务器，重用 FeignDemo-ServiceProvider 项目中提供的 sayHelloServiceProvider 服务，在 FeignDemo-ServiceCaller 项目中增加 Feign 整合 Hystrix 的实例代码。

步骤01 在 FeignDemo-ServiceCaller 的 pom.xml 中，增加 Hystrix 的依赖包，关键代码如下。

```
1        <dependency>
2          <groupId>org.springframework.cloud</groupId>
3          <artifactId>spring-cloud-starter-hystrix</artifactId>
4        </dependency>
```

步骤02 还是在 FeignDemo-ServiceCaller 项目的 application.yml 配置文件中，通过如下配置项启动 Hystrix 模式，关键代码如下。

```
1    feign:
2        hystrix:
3            enabled: true
```

此外，还可以通过如下代码配置针对 sayHelloServiceProvider 服务的 hystrix 参数。其中，第 3 行指定了 hystrix 所作用的服务名，第 7 行指定了请求时间一旦超过 1000 毫秒（也就是 1 秒），就会启动熔断模式，调用定义在回退方法中的业务动作。

```
1   hystrix:
2     command:
3       sayHelloServiceProvider:
4         execution:
5           isolation:
6             thread:
7               timeoutInMilliseconds: 1000
```

在第 5 章的 5.3.2 小节，我们在表 5.1 中列出了一些和 Hystrix 熔断相关的配置参数，在这里的 application.yml 配置文件中，大家也可以根据实际情况适当地加些其他配置。

步骤03 在启动类 ServiceCallerApp.java 中，增加启动 Hystrix 断路器的注解，如第 5 行所示，这个类的关键代码如下。

```
1   //省略必要的package和import方法
2   EnableFeignClients
3   @EnableDiscoveryClient
4   @SpringBootApplication
5   @EnableCircuitBreaker
6   public class ServiceCallerApp
7   {
8       //省略其他代码
9   }
```

步骤04 新建一个名为 ControllerForFeignHystrix.java 的控制器类，代码如下。

```
1   //省略必要的package和import代码
2   @FeignClient(value = "sayHelloServiceProvider",
    fallback=FeignClientHystrixToolFallback.class)
3   interface FeignClientHystrixTool{
4       @RequestMapping(method = RequestMethod.GET, value = "/hello/{name}")
5       String sayHelloInClient(@RequestParam("name") String name);
6   }
```

在第 3 行中，我们定义了一个名为 FeignClientHystrixTool 的接口；在第 2 行的注解中，我们定义了它将以 Feign 的形式调用 sayHelloServiceProvider 中的服务，并且通过 fallback 配置指定一旦出现调用异常，将调用 FeignClientHystrixToolFallback 类中的回退方法。

```
7   @Component
8   class FeignClientHystrixToolFallback implements FeignClientHystrixTool{
9       public String sayHelloInClient(String name)
10      { return "In Fallback Function.";   }
11  }
```

在第 8 行的 FeignClientHystrixToolFallback 类中，我们将定义针对 FeignClientHystrixTool 接口的回退方法。

注　意

该类必须和第 2 行中 fallback 指定的类同名，而且需要实现（implements）FeignClientHystrixTool 接口，在其中的 sayHelloInClient 方法中定义回退动作，这里的动作是打印一段话。

```
12  @RestController
13  public class ControllerForFeignHystrix {
14      @Autowired
15      private FeignClientHystrixTool tool;
16      @RequestMapping(value = "/callHelloAsHystrix/{username}",
        method = RequestMethod.GET)
17      public String callHelloAsHystrix(@PathVariable("username")
        String username)
18      { return tool.sayHelloInClient(username);}
19  }
```

在第 13 行中，我们定义了一个包含@RestController 注解的控制器类 ControllerForFeignHystrix，在其中第 17 行的 callHelloAsHystrix 方法中，我们是以 Feign 的形式调用 sayHelloInClient 方法的。

至此，完成代码的编写工作。我们依次启动 FeignDemo-Server、FeignDemo-ServiceProvider 和 FeignDemo-ServiceCaller 项目，随后在浏览器中输入"http://localhost:8080/callHelloAsHystrix/Peter"，此时能看到"hello Peter"的输出，这个是正常的调用流程。

如果我们关闭 FeignDemo-ServiceProvider 项目，也就是说 sayHelloServiceProvider 服务不可用了，如果再次在浏览器中输入"http://localhost:8080/callHelloAsHystrix/Peter"，此时就会走熔断保护的流程，触发 FeignClientHystrixToolFallback 类中的 sayHelloInClient 方法，在浏览器中输出"In Fallback Function."的字样。

6.5　本章小结

由于 Feign 能封装一些较为复杂的请求细节，因此 Feign 能让程序员用比较简单的方式调用服务，这样能大大降低客户端请求调用部分代码的复杂度。而且，Feign 还能便捷地整合 Ribbon 和 Hystrix 等组件，从而能让程序员更为高效地实现负载均衡和熔断保护等机制。

总之，Feign 使用起来比较简便，既能提升程序员的开发效率，也能方便地整合其他组件，从而降低了开发者的能力门槛。这就是 Feign 组件的价值所在。

第7章

微服务架构的网关组件：Zuul

在之前的章节中，服务使用者是直接调用服务的，但在真实的项目场景中不会简单地这么做。事实上，大多数基于微服务的应用系统在收到请求后，在服务提供者处理这些请求前，有可能验证这些请求的合法性，比如没通过身份验证就无法提供服务，还有可能通过一定的路由算法把这些请求分派到合适的集群服务器上，甚至还有可能出于效率方面的考虑，把一些请求直接定位到静态页面上，而不是发送到提供服务的模块中。

从系统可维护性的角度来看，上述针对请求的动作不应当放在提供业务的模块中，因为针对请求处理规则的变更不应当影响业务功能逻辑。

事实上，在网络架构体系中，针对请求的处理动作一般封装在网关层，而在 Spring Cloud 微服务架构体系中，会采用 Netflix 框架中的 Zuul 组件来开发网关部分的功能。本章将结合实际案例讲述通过 Zuul 组件实现"过滤请求"和"路由请求"等网关层常规动作的做法。

7.1   通过案例入门 Zuul 组件的用法

本章开篇已经提到，在 Spring Cloud 微服务的架构体系中，我们可以选择 Zuul 组件来构建网关。这里，我们将通过一个案例来向大家演示通过 Zuul 组件搭建网关的做法，同时让大家能感性地体会到网关的作用。

7.1.1   搭建简单的基于 Zuul 组件的网关

这里将重用第 6 章的 FeignDemo-Server 项目作为 Eureka 服务器，用 FeignDemo-ServiceProvider 项目作为服务提供者。启动这两个项目后，在浏览器中输入 "http://localhost:8888/"，能看到 Eureka

的控制台页面，输入"http://localhost:1111/hello/peter"后，能看到有"hello peter"的输出。

在第 6 章中，我们已经详细讲述过这两个项目的具体功能，这里就不再赘述了。在本小节，我们将以如下步骤通过 Zuul 搭建一个能访问封装在 FeignDemo-ServiceProvider 项目中服务的网关。

代码位置	视频位置
代码\第 7 章\SimpleZuulDemo	视频\第 7 章\搭建简单的基于 Zuul 的网关

步骤01 创建名为 SimpleZuulDemo 的 Maven 项目，并在其中的 pom.xml 文件中增加 Zuul 的依赖包，关键代码如下。在这个 pom.xml 中，无须引入 Eureka 等其他组件的依赖包。

```
1    <dependency>
2            <groupId>org.springframework.cloud</groupId>
3            <artifactId>spring-cloud-starter-zuul</artifactId>
4    </dependency>
```

步骤02 编写启动类 ZuulApp.java。

```
1    //省略其他 package 和 import 代码
2    @EnableZuulProxy
3    @SpringBootApplication
4    public class ZuulApp
5    {
6       public static void main( String[] args )
7       {
8         SpringApplication.run(ZuulApp.class, args);
9       }
10   }
```

在第 2 行中，我们通过注解让这个启动类具有 Zuul 网关的功能；通过第 8 行代码，我们能启动这个基于 Zuul 网关的 Spring Boot 应用程序。

步骤03 在 application.yml 里，配置 Zuul 网关的参数，代码如下。

```
1    spring:
2      application:
3        name: zuulServer
4    server:
5      port: 5555
6    zuul:
7      routes:
8        zuul-url:
9            url: http://localhost:1111/
```

其中，第 1~3 行指定了本项目对外提供服务的名字，这里是 zuulServer，在第 4 行和第 5 行指定了本项目对外提供服务的端口，这里是 5555。

比较关键的是第 6~9 行的代码，配置了这些参数后，发往网关的 url 请求会被转发到 localhost:1111 这个 url 上（即 FeignDemo-ServiceProvider 对外提供服务的 url）。

其中，第 6 行和第 7 行属于固定写法，说明后面第 8 行和第 9 行的配置是属于 Zuul 网关路由规则的。在第 8 行中指定了网关的路由关键字，在第 9 行中指定了通过 Zuul 网关路由的目的地。

7.1.2 通过运行结果体会 Zuul 转发请求的效果

在启动 FeignDemo-Server 和 FeignDemo-ServiceProvider 项目的基础上，同时通过 ZuulApp 类启动 SimpleZuulDemo 项目，此时在浏览器中输入 "http://localhost:5555/zuul-url/hello/peter"，也能看到有 "hello peter" 的输出。

这里，我们详细看一下通过网关转发 url 的细节，根据请求 url 的前半部分 http://localhost:5555 中的端口号，本 url 将会被 SimpleZuulDemo 项目解析并处理，根据在 application.yml 中第 8 行和第 9 行的配置，http://localhost:5555/zuul-url/这部分 url 其实等价于 http://localhost:1111/。

再进一步，http://localhost:5555/zuul-url/hello/peter 整个 url 将会被 Zuul 组件经路由转发到 FeignDemo-ServiceProvider 服务提供者项目上，说得通俗一点，该 url 其实等价于 http://localhost:1111/hello/peter，这就是大家能看到 "hello peter" 输出的原因。

从上述案例中，我们能看到发送到 Zuul 网关的请求会根据配置文件中的定义转发到对应的服务上进行处理，这属于 Zuul 网关的 "路由" 功能。这里的路由功能比较简单，在后文中将给出诸如跳转路由和通过正则表达式自定义路由等复杂路由的实现方案。

7.2 Zuul 请求过滤器

和 Spring 过滤器一样，Zuul 过滤器也能处理 url 请求的各个阶段拦截、处理或继续发送请求。同样，我们也可以用基于责任链的模式配置多个 Zuul 过滤器。在这种模式中，当请求到达当前过滤器时，如果需要处理就处理，否则可以转发到下个处理模块，直到请求处理完成。

使用 Zuul 过滤器的一般方式是，继承 ZuulFilter 抽象类，并通过重写其中的 4 个方法定义过滤器的执行条件、过滤类型、执行次序以及过滤器具体的操作。

7.2.1 http 请求生命周期和 Zuul 过滤器

在 ZuulFilter 抽象类中，有如下 4 个比较重要的方法。

```
1    boolean shouldFilter();
2    int filterOrder();
3    Object run();
4    String filterType();
```

其中，通过重写第 1 行的 shouldFilter 方法，我们能指定该过滤器是否生效。通过第 2 行的 int 类型的 filterOrder 方法，我们能定义过滤器的执行次序，即优先级，返回的 int 型值越小，优先级越高。在第 3 行的 run 方法中，我们可以定义过滤器的具体逻辑，比如如何过滤或重写请求。而通过第 4 行的方法，我们可以定义该过滤器的类型，该方法指定的过滤器类型和 http 请求的生命周期密切相关。

一个 http 请求（Request）从经 Zuul 网关到处理结束（即一次请求的生命周期），一般流程为：首先被 Zuul 网关路由到合适的服务器，之后被服务器上的业务模块处理，发生异常时会被异常处理模块处理，最后请求发起方会收到返回结果（Response）。

通过 Zuul 组件，我们可以设置 pre、post、route 和 error 四种类型的过滤器，在上述每个 HTTP 请求和处理的流程中，都有一类 Zuul 过滤器与之对应。从图 7.1 中，我们能看到 Zuul 过滤器和 http 生命周期的对应关系。

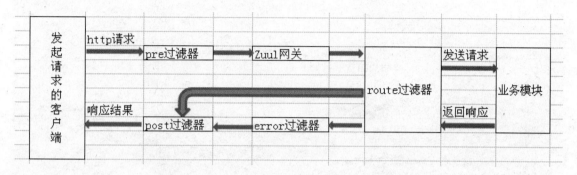

图 7.1　http 请求生命周期和 Zuul 四类过滤器的关系

总结一下 http 请求生命周期和 Zuul 过滤器的对应关系，前提是我们已经通过 filterType 方法定义了下面所有类型的过滤器。

第一，请求在被 Zuul 网关路由前可以被 pre 过滤器处理。
第二，在请求被路由时会触发 route 过滤器。
第三，当处理 http 请求发生异常时会触发 error 过滤器。
第四，当请求被 route 或 error 过滤器处理后会触发 post 过滤器。

而且，针对同一种类型，我们可以定义一个或多个 Zuul 过滤器，同一种类型的过滤器可以通过 filterOrder 方法来确定调用次序。

7.2.2　过滤器的常规用法

这里，我们将通过创建 pre 过滤器的案例来向大家演示 Zuul 过滤器的基本用法。具体而言，将通过如下步骤，在前文中创建的 SimpleZuulDemo 项目中添加 pre 类型的过滤器。

步骤01　新建一个名为 MyPreFilter 的 java 类，这个类将继承 ZuulFilter，并在其中重写 ZuulFilter 的 4 个方法，代码如下。

```
1    //省略必要的package 和 import 代码
2    //继承了 ZuulFilter 类
3    public class MyPreFilter extends ZuulFilter{
4        //重写了 run 方法
5        public Object run() {
6            System.out.println("in myPreFilter, type is pre");
7            //通过 RequestContext 对象得到 HttpServletRequest 对象
8            RequestContext ctx = RequestContext.getCurrentContext();
9            HttpServletRequest request = ctx.getRequest();
10           //得到请求 url
11           String url = request.getRequestURI();
```

```
12              System.out.println(url);
13              //如果请求 url 中没有包括 hello，就不继续往后走了
14              if( url.indexOf("hello") == -1 ){
15                  System.out.println("Blocked by Pre Filter.");
16                  ctx.setSendZuulResponse(false);
17                  ctx.setResponseStatusCode(404);
18              }
19              //继续往后走
20              return null;
21          }
22          //返回 true，说明启用这个过滤器
23          public boolean shouldFilter()
24          { return true; }
25          //设置本过滤器的优先级
26          public int filterOrder()
27          { return 1; }
28          //设置本过滤器的类型
29          public String filterType()
30          { return "pre";       }
31      }
```

在第 5 行的 run 方法中，我们定义了本过滤器的业务动作。具体而言，在第 8 行得到了请求上下文，同时在第 9 行通过上下文得到了请求对象 request。在第 11 行中，通过请求对象得到了 url，并通过第 14 行的 if 语句判断是否该拦截这个请求。

通过 if 语句中的第 16 行和第 17 行代码，我们知道了如果在 url 中不包括 hello，就会拦截这个请求，同时返回 404 错误。反之，则通过第 20 行的 return 代码把请求继续下发。

在第 23 行的 shouldFilter 方法中，我们通过 return true 设置该过滤器是有效的；通过第 26 行的 filterOrder 方法，我们设置了该过滤器的优先级是 1；通过第 29 行的代码，我们设置了本过滤器的类型是"pre"，即请求在经网关转发前会被本过滤器处理。

步骤02 在启动类 ZuulApp.java 中，通过@Bean 注解配置第一步定义的过滤器，代码如下。

```
1   //省略必要的 package 和 import 代码
2   @EnableZuulProxy
3   @SpringBootApplication
4   public class ZuulApp
5   {
6       //配置过滤器
7       @Bean
8       public MyPreFilter myPreRequestFilter (){
9           return new MyPreFilter();
10      }
11      //启动类
12      public static void main( String[] args ){
13          SpringApplication.run(ZuulApp.class, args);
14      }
15  }
```

在第 7~10 行的 myPreRequestFilter 方法中，我们返回了 MyPreFilter 类型的对象，并且该方法有@Bean 注解。这样，当本类启动时，MyPreFilter 过滤器会自动向 Spring 容器注册。

启动 FeignDemo-Server、FeignDemo-ServiceProvider 和 SimpleZuulDemo 项目，如果在浏览器

中输入"http://localhost:5555/zuul-url/hello/peter"，我们在浏览器中看到"hello peter"输出的同时，在控制台中还能看到输出"in myPreFilter, type is pre"，这说明过滤器已经生效。

如果我们在浏览器中故意输入错误的请求"http://localhost:5555/zuul-url/errorCall/peter"，由于其中不包含"hello"，因此在控制台中能看到输出"Blocked by Pre Filter."，且在浏览器上能看到404错误，这说明该错误请求被过滤器处理并拦截。

7.2.3　指定过滤器的优先级

在这个案例中，我们不仅将在当前 SimpleZuulDemo 项目的基础上继续添加一个 route 和两个 post 类型的过滤器，并通过 filterOrder 方法指定两个 post 过滤器的运行次序，以此来演示过滤器优先级的效果，具体步骤如下。

步骤01 在 FeignDemo-ServiceProvider 这个提供服务的项目中，我们是在 Controller.java 控制器类中的 sayHello 方法中定义对外服务的具体动作的。这里，我们在第 4 行和第 5 行中增加打印时间的代码，关键代码如下。

```
1  @RequestMapping(value = "/hello/{username}", method = RequestMethod.GET
)
2  public String sayHello(@PathVariable("username") String username) {
3      System.out.println("In Service Provice.");
4      SimpleDateFormat timeFormat=new SimpleDateFormat("yyyy-MM-dd HH:mm:
    ss SSS");
5      System.out.println(timeFormat.format(new java.util.Date()));
6      return "hello " + username;
7  }
```

步骤02 在 SimpleZuulDemo 项目中，增加一个名为 MyRouteFilter 的 route 类型的过滤器，代码如下。

```
1  //省略必要的package 和import 代码
2  public class MyRouteFilter extends ZuulFilter{
3      public Object run() {
4          System.out.println("this is route filter");
5          SimpleDateFormat timeFormat=new SimpleDateFormat("yyyy-MM-dd HH:
            mm:ss SSS");
6          System.out.println(timeFormat.format(new java.util.Date()));
7          return null;
8      }
9      //定义是否启用
10     public boolean shouldFilter()
11     { return true; }
12     //定义运行次序
13     public int filterOrder()
14     { return 1;    }
15     //定义过滤器的类型
16     public String filterType()
17     { return "route";    }
18 }
```

同样的，这个类继承了 ZuulFilter，并重写了其中的 4 个方法。

在第 3 行的 run 方法中，我们定义了该过滤器的业务动作，这里主要是输出当前时间；在第 10 行的 shouldFilter 方法中，我们定义了该过滤器处于"启用状态"；在第 13 行的 filterOrder 方法中，定义了该过滤器的运行次序；在第 16 行的 filterType 方法中，定义了该过滤器的类型。

步骤03 增加两个 post 类型的过滤器。其中，第一个 post 过滤器的代码如下。

```
1    //省略必要的 package 和 import 代码
2    public class MyFirstPostFilter extends ZuulFilter{
3        public Object run() {
4            System.out.println("this is my first post filter");
5            SimpleDateFormat timeFormat=new SimpleDateFormat("yyyy-MM-dd HH:
              mm:ss SSS");
6            System.out.println(timeFormat.format(new java.util.Date()));
7            return null;
8        }
9        public boolean shouldFilter()
10       { return true;   }
11       public int filterOrder()
12       { return 1; }
13       public String filterType()
14        { return "post"; }
15   }
```

这里的代码和之前的 pre 以及 route 过滤器很相似，同样是在 run 方法中打印了当前的时间，不过在这里的第 11 行的 filterOrder 方法中指定了该 post 过滤器的运行次序是 1，在第 13 行中指定了该过滤器是 post 类型的。

而第二个 post 类型过滤器 MySecondPostFilter.java 的代码和 MyFirstPostFilter.java 非常相似，重要的改动点是：通过重写 filterOrder 方法把该方法的运行次序设置成了 5。

```
1        public int filterOrder()
2        { return 5; }
```

步骤04 在 ZuulApp.java 中，通过@Bean 注解配置刚才定义的过滤器，新添加的代码如下。

```
1        @Bean  //配置 route 过滤器
2        public MyRouteFilter myPreRouteFilter()
3        { return new MyRouteFilter();  }
4        @Bean  //配置第一个 post 过滤器
5        public MyFirstPostFilter myFirstPostFilter() {
6         return new MyFirstPostFilter();
7        }
8        @Bean  //配置第二个 post 过滤器
9        public MySecondPostFilter mySecondPostFilter()
10        { return new MySecondPostFilter();       }
```

至此，完成代码改写。启动 FeignDemo-Server、FeignDemo-ServiceProvider 和 SimpleZuulDemo 项目，在浏览器中输入"http://localhost:5555/zuul-url/hello/peter"，此时能在 FeignDemo-ServiceProvide 和 SimpleZuulDemo 项目的控制台中看到一连串的输出语句，我们按时间次序整理如下。

```
1    in myPreFilter, type is pre
2    2018-07-04 22:35:44 625
```

```
3    /zuul-url/hello/peter
4    this is route filter
5    2018-07-04 22:35:44 625
6    In Service Provice.  //说明，该行是由 FeignDemo-ServiceProvider 输出的
7    2018-07-04 22:35:44 640 //说明，该行是由 FeignDemo-ServiceProvider 输出的
8    this is my first post filter
9    2018-07-04 22:35:44 640
10   this is my second post filter
11   2018-07-04 22:35:44 640
```

针对上述输出，我们能得出下面的两点结论。

第一，过滤器和路由请求的触发次序是：pre 过滤器→route 过滤器→发起路由请求→调用服务→post 过滤器。

第二，在 filterOrder 方法中定义的运行次序是针对同类过滤器而言的，比如在 MyFirstPostFilter 中的值是 1，而在 MySecondPostFilter 中的值是 5，所以前者先运行。

route 过滤器总是先于 post 过滤器运行，哪怕我们把 route 过滤器中的运行次序设置成 100，post 过滤器中的运行次序设置成 1，route 照样会先于 post 运行。

7.2.4　通过 error 过滤器处理路由时的异常情况

在讲述 error 过滤器之前，我们先来看一下在过滤器业务动作中发生异常时的处理方式。比如，在 7.2.2 小节定义的 pre 类型的 MyPreFilter 过滤器中，在其中实现过滤器业务动作的 run 方法中，我们故意引发了 RuntimeException，即除以零异常，代码如下。

```
1        //MyPreFilter 类的 run 方法
2        public Object run() {
3            System.out.println("in myPreFilter, type is pre");
4            //通过 RequestContext 对象得到 HttpServletRequest 对象
5            RequestContext ctx = RequestContext.getCurrentContext();
6            HttpServletRequest request = ctx.getRequest();
7            //得到请求 url
8            String url = request.getRequestURI();
9            System.out.println(url);
10           //throw exception
11           int i = 0;
12           System.out.println(7/i);
13           //…省略后继代码
14           return null;
15       }
```

我们知道，第 12 行除以 0 的代码会触发运行期异常（RuntimeException），但如果我们此时启动相关的服务，随后在浏览器中输入"http://localhost:5555/zuul-url/hello/peter"，得到的结果却是：第一，在浏览器中看不到任何输出；第二，在 ZuulApp 的控制台中看不到任何同异常相关的输出。

我们在编写代码时，当异常出现后，应当明确地指明异常类型以及异常点的位置，这样就很容易分析和解决问题。在使用过滤器的场景中，我们应当引入 error 过滤器来捕获和抛出异常。

关键步骤如下：

步骤01 在 SimpleZuulDemo 项目中，增加一个名为 MyErrorFilter 的 error 类型过滤器，代码如下。

```
1   //省略必要的package 和 import 代码
2   public class MyErrorFilter extends ZuulFilter{
3       public Object run() {
4           System.out.println("in MyErrorFilter, type is error");
5           //得到请求上下文
6           RequestContext context = RequestContext.getCurrentContext();
7           //得到异常对象
8           Throwable throwable = context.getThrowable();
9           //输出异常链
10          throwable.printStackTrace();
11          //在页面上显示出错误提示信息
12          context.setResponseBody("Error happens.");
13          return null;
14      }
15      //启用该过滤器
16      public boolean shouldFilter()
17      { return true; }
18      //设置该过滤器的运行次序
19      public int filterOrder()
20      { return 1;  }
21      //设置该过滤器的类型
22      public String filterType()
23      { return "error"; }
24  }
```

上述类 MyErrorFilter 同样实现了 ZuulFilter 的 4 个方法，在其中第 22 行的 filterType 方法中，我们指定了该过滤器的类型为 error，在第 3 行的 run 方法中，我们一方面通过第 10 行的代码输出了异常链信息，同时又在第 12 行中通过请求上下文对象 context 向浏览器中输出了错误提示信息，从而让用户看到一个比较友好的出错提示页面。

步骤02 在 ZuulApp.java 中，通过@Bean 注解配置上述的 error 过滤器，关键代码如下。

```
1       @Bean
2       public MyErrorFilter myErrorFilter() {
3        return new MyErrorFilter();
4       }
```

此时，当重启 ZuulApp.java 类后，在浏览器中再次输入"http://localhost:5555/zuul-url/hello/peter"，则能看到如下两方面的错误提示信息。

第一，在控制台中能看到如图 7.2 所示的异常提示信息。通过它，我们能清晰地了解错误的类型，并能快速地定位到发生问题的代码点。

```
in MyErrorFilter, type is error
com.netflix.zuul.exception.ZuulException: Filter threw Exception
        at com.netflix.zuul.FilterProcessor.processZuulFilter(FilterProces
        at com.netflix.zuul.FilterProcessor.runFilters(FilterProcessor.ja
        at com.netflix.zuul.FilterProcessor.preRoute(FilterProcessor.java:
        at com.netflix.zuul.ZuulRunner.preRoute(ZuulRunner.java:105)
        at com.netflix.zuul.http.ZuulServlet.preRoute(ZuulServlet.java:125
```

图 7.2　在控制台中看到的异常信息

第二，在浏览器中能看到"Error happens."的字样。这里只是一个演示案例，所以提示的字样非常简单。在实际项目中，发生错误后，我们可以在浏览器中清晰明了地告诉用户该怎么办。

7.2.5　动态增加过滤器

我们固然可以通过修改现有的代码来增加 Zuul 过滤器，但是必须通过重启服务器才能生效。在有些重要的服务场景中，我们需要保证服务的连续性，所以重启服务器的次数将会被严格限制。在这种场景中，我们就得用本小节给出的技巧动态地增加各种类型的过滤器。

我们将在 SimpleZuulDemo 项目中，通过基于 Groovy 语言的方式动态地增加过滤器，具体步骤如下。

步骤01　在项目的 src/main/java 目录下新建若干个目录，用来存放动态新增的过滤器，目录结果如图 7.3 所示。

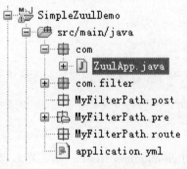

图 7.3　用来存放新增过滤器的目录结构

其中 MyFilterPath.pre 目录中可以存放新增的 pre 类型的过滤器，以此类推。请大家注意这个目录结构，如果写错的话，可能会导致后面无法正确地动态装载新增的过滤器。

步骤02　在 pom.xml 中新增 Groovy 的依赖包，这里我们用到的是 2.4.6 版本，关键代码如下。

```
1    <dependency>
2          <groupId>org.codehaus.groovy</groupId>
3          <artifactId>groovy-all</artifactId>
4          <version>2.4.6</version>
5    </dependency>
```

Groovy 语言和 Java 一样，也是基于 JVM（Java 虚拟机）的。我们知道，在 Java 程序运行过程中，JVM 只能调用已经存在的方法，否则会报错。但 Groovy 允许我们在运行时动态地添加属性或方法，所以这里我们可以利用 Groovy 的这个特性来动态增加过滤器。

步骤03　我们需要在启动类 ZuulApp.java 中编写基于 Groovy 的动态增加过滤器的代码，具体代码如下。

```
1    //省略必要的 package 和 import 代码
2    //指定本类启动时，能读取配置文件中 zuul.filter 的配置项
3    @ConfigurationProperties("zuul.filter")
4    @EnableZuulProxy
```

```
5    @SpringBootApplication
6    public class ZuulApp {
7        //如下两个属性是定义在配置文件中的
8        private String root; //从 root 路径中读过滤器类
9        private String interval; //每隔多久读一次
10       //省略针对 root 和 interval 的 get 和 set 方法
11       @Bean
12       public FilterLoader refreshZuulFilter() {
13           FilterLoader zuulFilterLoader = FilterLoader.getInstance();
14           zuulFilterLoader.setCompiler(new GroovyCompiler());
15           try {
16               FilterFileManager.setFilenameFilter(new GroovyFileFilter());
17               FilterFileManager.init(Integer.valueOf(getInterval()),
18                       this.getRoot()+ "/pre",
19                       this.getRoot() + "/route",
20                       this.getRoot() + "/post");
21           } catch (Exception e) {
22               e.printStackTrace();
23           }
24           return zuulFilterLoader;
25       }
26       //启动类
27       public static void main( String[] args )
28       {
29           SpringApplication.run(ZuulApp.class, args);
30       }
31   }
```

在第 3 行中，我们通过@ConfigurationProperties 注解，在本程序运行时，到配置文件中读取 zuul.filter 信息。

在 application.yml 文件中会有如下配置，所以说，当 ZuulApp 类启动时，定义在第 8 行和第 9 行的 root 和 interval 两个属性会自动地被赋予"10"和"MyFilterPath"两个值。

```
1    zuul:
2      filter:
3        root: MyFilterPath
4        interval: 10
```

其中，root 表示该从哪个路径里读取过滤器，而 interval 则表示每隔多久去读，interval 属性值的单位是秒。在实际项目中，我们为了减轻系统压力，可以每隔 1 小时去读，但这里为了演示方便，设置了 10 秒。

在第 12 行的 refreshZuulFilter 方法中，我们设置动态读取过滤器的动作，该方法的关键是第 17 行的 init 方法，在这个方法的第一个 int 类型的参数中，我们设置了 Groovy 动态加载的时间间隔是 10 秒，在后面的 3 个参数中，我们设置了 Groovy 该从哪些目录中读取新增的过滤器，这里我们设置了 3 个目录。

由于 refreshZuulFilter 具有@Bean 注解，因此在 ZuulApp 类运行时，Spring 容器会自动加载这个方法。换句话说，当网关项目被启动时，Groovy 的动态加载机制就会生效。

步骤04 准备动态加载的过滤器 NewPreFilterLoadedbyGroovy.groovy 是基于 Groovy 语言的，所以是这个扩展名。之前也说了，Groovy 是基于 JVM 的，所以它的语法和 Java 无异，该文件的代码如下：

```
1    package MyFilterPath.pre;
2    import com.netflix.zuul.ZuulFilter;
3    class NewPreFilterLoadedbyGroovy extends ZuulFilter {
4        public Object run() { //定义过滤器的动作，这里就输出一句话
5            System.out.println("this is new added Pre Filter.");
6            return null;
7        }
8        //指定是 pre 类型的
9        public String filterType() {
10           return "pre";
11       }
12       //指定优先级是 10
13       public int filterOrder() {
14           return 10;
15       }
16       //指定该过滤器是生效的
17       public boolean shouldFilter() {
18           return true;
19       }
20   }
```

在这个 pre 过滤器中，我们重写了 4 个方法，由于这些知识点之前都讲过，因此这里不再重复。但请注意，我们打算在网关项目启动后，通过把该过滤器放到 src/main/java/MyFilterPath/pre 目录中实现动态增加的效果，所以在第 1 行中通过 package 指定的路径是 MyFilterPath.pre。

至此，完成开发工作。通过如下步骤，我们可以验证动态增加的效果。

步骤01　确保 NewPreFilterLoadedbyGroovy.groovy 不在 MyFilterPath 的本目录和子目录下，启动 ZuulApp.java。

步骤02　确保 application.yml 中有如下路由规则，所以在输入 "localhost:5555/hello" 后会跳转到 http://www.cnblogs.com/。

```
1    zuul:
2        routes:
3            ZuulRoute:
4                path: /hello/**
5                url: http://www.cnblogs.com/
```

步骤03　把 NewPreFilterLoadedbyGroovy.groovy 复制到 MyFilterPath/pre 目录中，等待 10 秒，再输入 "localhost:5555/hello"，此时除了能正常跳转之外，在控制台中还能看到 "this is new added Pre Filter." 的输出，说明动态加载成功。

这里我们只给出了动态增加 pre 过滤器的做法，而且新增的过滤器中的业务逻辑非常简单。在实际的项目中，我们可以照此方法动态新增多种类型的过滤器，同时可以在 run 方法中实现各类的业务需求。

7.3 通过 Zuul 实现路由功能的实践方案

在 Web 应用中，如果我们直接将 url 请求发送到具体的功能模块，这样不仅安全性不高，还会大大加重网站的维护成本，因为这样做，每个功能模块不得不独立维护一套 url 和对应服务的映射关系表，而且当服务数量和模块数量上升时，映射表的维护难度会大大增加。

出于上述两点考虑，在 Web 应用中，非常有必要在网关层实现针对 url 的路由转发功能，本节将讲述 Zuul 路由组件在转发请求方面的常规做法。

7.3.1 简单路由的做法

我们将在 ZuulRouteDemo 项目中实现和路由相关的案例，具体的代码和视频位置如下。

代码位置	视频位置
代码\第 7 章\SimpleZuulDemo	视频\第 7 章\通过 Zuul 实现简单路由

为了实现路由功能，我们先做如下两项准备工作。

第一，在 pom.xml 中，像 7.2 节那样引入 Zuul 组件的依赖包，关键代码如下。

```
1  <dependency>
2    <groupId>org.springframework.cloud</groupId>
3    <artifactId>spring-cloud-starter-zuul</artifactId>
4  </dependency>
```

第二，创建名为 ZuulApp.java 的启动类，同样需要引入 @ EnableZuulProxy 注解，代码如下。

```
1  @EnableZuulProxy
2  @SpringBootApplication
3  public class ZuulApp {
4    public static void main( String[] args )
5    {
6      SpringApplication.run(ZuulApp.class, args);
7    }
8  }
```

至此，完成该项目的准备工作。简单路由的做法比较简单，在 application.yml 中做相应的配置即可，相关的配置代码如下。

```
1  spring:
2    application:
3      name: zuulServer
4  server:
5    port: 5555
6  zuul:
7    routes:
8      ZuulRoute:
9        path:
10         /hello/**
```

```
11              url: http://www.cnblogs.com/
```

其中，前 3 行指定了本项目的服务名，这和 Zuul 路由无关，通过第 4 行和第 5 行的代码，我们指定了本项目的服务端口是 5555。

第 6~11 行是配置 Zuul 路由信息的关键，这里其实设置了 zuul:route:路由服务名:path 和 zuul:route:路由服务名:url 两个值，具体的说明如下。

第一，这里的路由服务名和路由的目的路径无关，也可以和第 3 行指定的本项目的服务名无关，甚至可以不写。比如在 7.1.1 小节，我们就没有指定，那个案例的相关配置代码如下。

```
1    zuul:
2      routes:
3        zuul-url:
4            url: http://localhost:1111/
```

第二，通过 path 和 url，我们能指定路由路径和目的路径的对应关系。比如在这里，当我们启动 ZuulRouteDemo 项目后，输入"localhost:5555/hello"，就会跳转到 http://www.cnblogs.com/。

第三，在上述第 9 行的 path 配置中用到了**通配符，表明支持匹配任何长度的文字，支持多级目录；此外，还有支持匹配任何长度的文字，但不支持多级目录的通配符*，以及只支持单个文字的通配符?。在表 7.1 中，我们详细列出了针对这三类通配符的用法。

表 7.1　path 中通配符的用法说明表

通配符	源 url	目标 url
/hello/?	localhost:5555/hello/a	http://www.cnblogs.com/a
/hello/?	localhost:5555/hello/ab	出错，因为只能支持一个文字
/hello/*	localhost:5555/hello/ab	http://www.cnblogs.com/ab
/hello/*	localhost:5555/hello/a/b	出错，因为不支持多级目录
/hello/**	localhost:5555/hello/a/b	http://www.cnblogs.com/ab

7.3.2　通过 forward 跳转到本地页面

Zuul 组件除了能把 url 请求发送到对应的服务上，还可以通过 forward 实现本地跳转。比如，当某个 url 被过滤器判定是非法请求时，无须再发送到后继的服务器上，在本地就可以解决，这样可以大大减轻后继服务器的负载压力。

这里，我们将在现有 ZuulRouteDemo 项目的基础上，通过如下步骤增加 forward 跳转的演示案例。

步骤01　在 application.yml 中，编写如下和 forward 相关的配置代码。

```
1    zuul:
2      routes:
3        ZuulRoute:
4          path: /hello/**
5          url: http://www.cnblogs.com/
6        ErrorHandle:
7          path: /error/**
8          url: forward:/error
```

其中，第 3~5 行是现有代码，在此基础上，我们增加了第 6~8 行的代码，其中设置了/error/** 格式的 url 路径将被转发到/error 这个本地地址上。

步骤02 在本项目中，新增一个名为 ErrorHandleController.java 的控制器类，以处理/error 格式的请求，关键代码如下。

```
1    //省略必要的package 和 import 代码
2    @RestController
3    public class ErrorHandleController {
4       @RequestMapping(value = "/error/{errorStatus}",
         method = RequestMethod.GET)
5       public String handleError (@PathVariable("errorStatus")
         String errorStatus){
6          return "Error Status is:" + errorStatus;
7       }
8    }
```

其中，在第 2 行中，通过@RestController 注解指定了本类承担着控制器的角色；在第 4 行中，指定了 handleError 方法能处理/error 格式的 url；而在第 6 行中，则定义了 handleError 处理错误的逻辑，这里是简单地返回了错误码，在实际的项目中，还可以根据错误码再跳转到不同的静态页面上。

完成上述代码后，启动 ZuulRouteDemo 项目，在浏览器中输入"http://localhost:5555/error/404"，此时能看到有"Error Status is:404"的输出，说明/error/404 被跳转（forward）到/error 的本地请求上，且该请求被 ErrorHandleController 控制器中的 handleError 方法正确地处理了。

7.3.3　路由到具体的服务

在之前的案例中，我们是直接路由（或跳转）到具体的 url 上。而在之前讲 Eureka 和 Feign 的知识点时，我们是通过服务名（Application Name）来调用服务的，因为通过服务名能有效地对外屏蔽服务的实现细节。

在 Zuul 组件中，同样支持以"serviceId"路由到具体服务的功能，我们通过如下步骤在 ZuulRouteDemo 项目中增加这个功能。

步骤01 由于这里是以 Eureka 组件通过服务名来路由请求的，因此在 pom.xml 中需要引入 Eureka 的依赖包，关键代码如下。

```
1    <dependency>
2        <groupId>org.springframework.cloud</groupId>
3        <artifactId>spring-cloud-starter-zuul</artifactId>
4    </dependency>
```

步骤02 在 application.yml 中加入 Eureka 相关的配置信息，关键代码如下。

```
1    eureka:
2      instance:
3        hostname: localhost
4      client:
5        serviceUrl:
```

```
6              defaultZone: http://localhost:8888/eureka/
```

加入 Eureka 配置的原因是，需要通过第 6 行指定的 defaultZone 的路径来定位具体的服务。

步骤03　在 application.yml 中，增加通过 serviceId 路由到具体服务的配置，关键代码如下。

```
1    zuul:
2      routes:
3        routeToServer:
4          path: /routeToServer/**
5          serviceId: sayHelloServiceProvider
```

其中，通过第 4 行和第 5 行的代码，我们设置格式为 "/routeToServer/**" 的 url 将会被路由到 sayHelloServiceProvider 服务上。

在前文中提到，sayHelloServiceProvider 服务是定义在 FeignDemo-ServiceProvider 项目（服务提供者项目）中的，而该项目是注册在 FeignDemo-Server 项目（Eureka 服务器）中的，通过访问 http://localhost:1111/hello/peter 这个 url，我们能看到 sayHelloServiceProvider 服务的返回信息是"hello peter"。

依次启动 Eureka 服务器项目 FeignDemo-Server、服务提供者项目 FeignDemo-ServiceProvider 以及 ZuulRouteDemo 项目，并在浏览器中输入 "http://localhost:5555/routeToServer/hello/peter"，此时能看到 "hello peter" 的输出。

从输出结果中能看到，/routeToServer/会被路由到 sayHelloServiceProvider 服务上（和配置文件中的 serviceId 定义一致），而 routeToServer/hello/peter 就相当于在 http://localhost:1111/这个 url（即 sayHelloServiceProvider 提供服务的 url）后再加入 "/hello/peter"，这样最终结果就和 http://localhost:1111/hello/peter 完全一致了。

7.3.4　定义映射 url 请求的规则

比如有这样的场景：在某电商系统中存在着诸如合同管理、客户管理和商品管理等多个微服务模块，这些微服务的名字遵循着 "route-服务名-serviceProvider" 这样的命名规则，比如提供订单管理模块的服务名叫 "route-OrderManagement-serviceProvicer"，而客户管理中的提供欢迎功能的服务名叫 "route-sayhello-serviceProvicer"。

这里的需求是，在网关中，我们需要制定若干路由规则，让多种类型的请求路由到对应的服务模块上。我们固然可以在配置文件中针对每类服务配置对应的路由关系，但为了提升系统的可维护性，在这类场景中，我们还可以自定义路由映射规则。通过如下步骤，我们来演示一下这种做法。

步骤01　更改 FeignDemo-ServiceProvider 项目的 application.yml 配置文件，把其中该项目的服务名改成 route-sayhello-serviceProvider，关键代码如下。

```
1    spring:
2      application:
3        #name: sayHelloServiceProvider
4        # for Zuul Demo
5        name: route-sayhello-serviceProvider
```

其中，第 3 行是原来的服务名，更新后的服务名定义在第 5 行。

步骤02 在 ZuulRouteDemo 项目的 ZuulApp.java 中，通过 PatternServiceRouteMapper 类定义映射关系，代码如下。

```
1   //省略必要的package 和 import 方法
2   @EnableZuulProxy
3   @SpringBootApplication
4   public class ZuulApp
5   {
6       //启动方法不变
7       public static void main( String[] args ) {
8           SpringApplication.run(ZuulApp.class, args);
9       }
10      //这个是新增加的用于自定义规则的方法
11      @Bean
12      public PatternServiceRouteMapper myPatternServiceRouteMapper() {
13          return new
14  PatternServiceRouteMapper( "(route)-(?<servicename>.+)
    -(serviceProvider)","${servicename}/**");
15      }
16  }
```

在这个类中的第 11~15 行，我们新增加了一个名为 myPatternServiceRouteMapper 的方法。用于定义映射规则的方法名可以随便起，但需要如第 13 行和第 14 行那样返回一个 PatternServiceRouteMapper 类型的对象，同时需要像第 11 行那样，通过@Bean 注解将这个映射关系注册到 Spring 容器中。

在 PatternServiceRouteMapper 类的构造函数中，通过两个参数来定义映射关系，这里会把格式是${servicename}/**的 url 映射成 route-<servicename>-serviceProvider 的形式。其中，${servicename} 是一个变量。

比如，我们输入 "http://localhost:5555/sayhello/hello/peter"，这里变量 servicename 的值是 sayhello，根据映射规则会把这个 url 映射到 route-sayhello-serviceProvider 服务上，就相当于调用了该服务中的 hello 方法，同时传入了 "peter" 参数。

这里请务必注意，在通过正则表达式组装 PatternServiceRouteMapper 方法第一个参数时，最终的结果一定得和某个具体的服务名相一致，否则第二个参数指定的 url 就无法路由到对应的微服务，这样就会报 404 等异常。

7.3.5 配置路由的例外规则

在上文中我们定义路由规则时，是把一类 url 路由到某个具体的服务上，但在实际项目中，我们需要配置一些例外情况。

比如在下面的配置中，当路径中带有 error 时，比如/helloBlog/error，为了减轻服务器的负担，应当直接在路由层被处理掉，而不应当把请求下发。

在 ZuulRouteDemo 项目的 application.yml 中，我们已经通过如下关键代码把/helloBlog 的请求路由到 www.cnblogs.com（博客园）这个网址上。

```
1   zuul:
2       routes:
```

```
3          ZuulRoute:
4            path: /helloBlog/**
5            url: http://www.cnblogs.com/
```

此时，我们可以通过加入 zuul: ignored-patterns 来配置路由的例外规则，关键代码如下。

```
1   zuul:
2     ignored-patterns: /helloBlog/error/**
3     routes:
4       ZuulRoute:
5         path: /helloBlog/**
6         url: http://www.cnblogs.com/
```

请大家注意第 2 行代码，这里我们是用 ignored-patterns 设置了类似/helloBlog/error/**格式的 url 不再路由到 http://www.cnblogs.com/这个网址。

完成配置后，启动 ZuulApp.java，在浏览器中输入 http://localhost:5555/helloBlog/error，这时就会看到如图 7.4 所示的 404 页面，说明配置的路由例外规则生效了。

图 7.4　配置路由例外规则后看到的 404 错误效果图

不过这里请大家注意，通过 zuul: ignored-patterns 配置的路由例外规则是全局性的，而不是针对某个路由服务的实例。所以，在项目中需要谨慎使用这个配置。

7.4　Zuul 天然整合了 Ribbon 和 Hystrix

在大型应用系统中，我们往往会把实现同一个服务的代码部署到不同的服务器上，以此组成服务集群，当流量比较大时，我们希望 Zuul 网关能以负载均衡的方式把请求分派到集群中合适的服务器上，此外，我们还希望 Zuul 网关层能实现之前 Hystrix 提供的多种"保护机制"。

幸运的是，我们引入 Zuul 组件的 spring-cloud-starter-zuul 依赖包，除了能提供"路由"等功能外，还包含 Ribbon 和 Hystrix 的对应模块。也就是说，Zuul 组件已经整合了 Ribbon 和 Hystrix。换句话说，在 Zuul 网关层，我们能非常方便地实现负载均衡和容错保护的效果。

7.4.1　案例的准备工作

这里，我们将新建一个名为 ZuulRibbonHystrixDemo 的项目，在其中演示 Zuul 整合 Ribbon 和 Hystrix 的效果，这个项目的准备工作如下。

准备工作 1：在 pom.xml 文件中，通过如下关键代码引入 Zuul 的支持包。

```
1    <dependencies>
2      <dependency>
3          <groupId>org.springframework.cloud</groupId>
4          <artifactId>spring-cloud-starter-zuul</artifactId>
5      </dependency>
6    </dependencies>
```

准备工作 2：编写本项目的启动类 ZuulApp.java，在这个类中，通过注解实现对 Zuul 的支持，代码如下。这个类之前已经讲解过，所以这里不再赘述。

```
1    //省略必要的package和import代码
2    @EnableZuulProxy
3    @SpringBootApplication
4    public class ZuulApp
5    {
6        public static void main( String[] args )
7        { SpringApplication.run(ZuulApp.class, args); }
8    }
```

之后整合 Ribbon 和 Hystrix 的代码就将在上述代码的基础上展开。

7.4.2　Zuul 组件包含 Ribbon 和 Hystrix 模块的依赖

当我们以“Dependency Hierarchy”的方式打开本项目的 pom.xml 文件后，能看到如图 7.5 所示的效果。

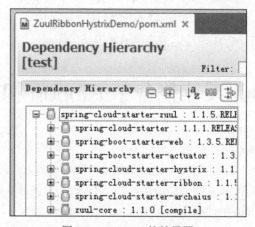

图 7.5　pom.xml 的效果图

从中，我们能看到引入 Zuul 依赖包后，Ribbon 和 Hystrix 的依赖包也被自动引入了。所以，在后文中，我们基本上不用写多少代码就能在 Zuul 组件中使用这两个组件的特性。

7.4.3　以 Ribbon 负载均衡的方式实现路由

这里，我们将重用 4.4.6 小节提供的两个（即主从）Eureka 服务项目以及三个包含 sayHello 的服务提供者的项目。这里我们想实现的效果是，当多个请求到达 Zuul 网关时，Zuul 能以负载均衡的方式把这些请求平均地下发到这三个服务提供者的机器上。

这里涉及 6 个项目，如表 7.2 所示。

表 7.2　以 Ribbon 负载均衡的方式实现路由案例中用到的项目归纳表

项目名	作用
EurekaRibbonDemo-Server	Eureka 服务器
EurekaRibbonDemo-backup-Server	Eureka 服务器，和另一台相互注册，以搭建主从热备的 Eureka 服务器集群
EurekaRibbonDemo-ServiceProviderOne EurekaRibbonDemo-ServiceProviderTwo EurekaRibbonDemo-ServiceProviderThree	向 Eureka 服务器注册的服务提供者，这三台机器都提供了名为 sayHello 的服务
ZuulRibbonHystrixDemo	实现在网关中以负载均衡的方式下发请求的功能

在 ZuulRibbonHystrixDemo 项目中，在 7.4.1 小节完成准备工作的基础上，我们在 application.yml 中添加如下配置信息。

```
1    spring:
2      application:
3        name: zuulRibbonDemoServer
4    server:
5      port: 5555
6    eureka:
7     instance:
8        hostname: localhost
9     client:
10       serviceUrl:
11         defaultZone: http://localhost:8888/eureka/
12    zuul:
13      routes:
14        routeToRibbonServer:
15          path: /routeToRibbonServer/**
16          serviceId: sayHello
```

其实这些配置信息之前我们都讲述过，关键是第 16 行，这里 serviceId 指向的是 sayHello，该服务包含在三台服务器上。

我们依次启动表 7.2 所示的两台主从热备的 Eureka 服务器的项目、三个服务提供者的项目以及 ZuulRibbonHystrixDemo 项目，随后在浏览器中多次输入如下请求。

```
1    http://localhost:5555/routeToRibbonServer/sayHello/peter
```

能看到下面的三个返回结果交替出现。

```
1    Hello Ribbon, this is Server1, my name is:Peter
2    Hello Ribbon, this is Server2, my name is:Peter
3    Hello Ribbon, this is Server3, my name is:Peter
```

从这个案例中我们能看到，虽然我们没有做额外的配置，但由于 Zuul 已经引入了 Ribbon 依赖包，因此面向服务集群的请求在 Zuul 网关层会被平均地下发到三台服务提供者的机器上。

7.4.4　在 Zuul 网关中引入 Hystrix

在前文中我们已经提到，当引入 Zuul 依赖包的同时，也能引入 Hystrix 特性，本小节将在 Zuul 网关中引入 Hystrix 容错保护的机制。这里我们用到前文中创建的 4 个项目，如表 7.3 所示。

表 7.3　Zuul 网关中引入 Hystrix 案例的项目归纳表

项目名	作用
EurekaRibbonDemo-Server	Eureka 服务器
EurekaRibbonDemo-backup-Server	Eureka 服务器，和另一台相互注册，以搭建主从热备的 Eureka 服务器集群
EurekaRibbonDemo-ServiceProviderOne	向 Eureka 服务器注册的服务提供者，当服务启动后，我们会故意关闭此项目，以此模式"服务不可用"的效果
ZuulRibbonHystrixDemo	在这个项目中加入基于 Hystrix 容错保护的机制

我们只用到了一个服务提供者，而和 Hystrix 相关的代码是写在 ZuulRibbonHystrixDemo 项目中的。具体的实现步骤如下。

步骤01　在原项目的基础上新增一个基于 Hystrix 实现保护机制的类 ZuulFallBackDemo.java，代码如下。

```
1   //省略必要的 package 和 import 代码
2   public class ZuulFallbackDemo implements ZuulFallbackProvider {
3       public ClientHttpResponse fallbackResponse() {
4           return new ClientHttpResponse(){
5               public InputStream getBody() throws IOException {
6                   String retVal = "return by Hystrix";
7                   return new ByteArrayInputStream(retVal.getBytes());
8               }
9               public HttpHeaders getHeaders() {
10                  HttpHeaders headers = new HttpHeaders();
11                  return headers;
12              }
13              public HttpStatus getStatusCode() throws IOException {
14                  return HttpStatus.OK;
15              }
16              public int getRawStatusCode() throws IOException {
17                  return HttpStatus.OK.value();
18              }
19              public String getStatusText() throws IOException {
20                  return HttpStatus.OK.getReasonPhrase();
21              }
22              public void close() {      }
23          };
24      }
25      //指定针对哪个服务生效
26      public String getRoute() {
27          return "sayHello";
28      }
29  }
```

在这个类中，我们需要如第 2 行所示实现（implements）ZuulFallbackProvider 接口，同时如第 3 行所示重写 ClientHttpResponse 方法。

在第 4 行中，我们新建并返回了一个 ClientHttpResponse 类型的对象。在后继的第 5~23 行中，我们重写了 ClientHttpResponse 类的诸多方法。

从第 5 行的 getBody 方法中，我们定义了一旦出错则需要返回的流对象，这里是返回"return by Hystrix"；在第 9 行的 getHeaders 方法中，我们定义了一旦出错则需要返回的 http 头，这里是一个新建出来的空对象；在第 13~21 行的三个方法中，我们分别定义了一旦服务不可用时需要返回的状态码，一般来说，哪怕服务不可用，常规的做法是提示出错信息或者跳转到出错页面，所以一般都是返回 200 状态码，即如第 14 行所示的 HttpStatus.OK；在第 22 行的 close 方法中，我们一般是不做任何操作的。

而在第 26 行的 getRoute 方法中，我们定义了该熔断保护措施是对哪个服务生效的，这里是 sayHello。我们也可以把第 26 行的代码改成 return "*";，这样就针对所有的服务都生效了。

步骤02 在启动类中，通过@Bean 的注解向 Spring 容器注入 ZuulFallbackDemo 类，否则上述熔断保护措施无法生效，代码如下。

```
1    //省略必要的 package 和 import 代码
2    @EnableZuulProxy
3    @SpringBootApplication
4    public class ZuulApp
5    {
6        //引入 Hystrix 熔断保护类
7        @Bean
8        public ZuulFallbackDemo myHystrixDemo(){
9            return new ZuulFallbackDemo();
10       }
11       //正常的启动方法
12       public static void main( String[] args ) {
13           SpringApplication.run(ZuulApp.class, args);
14       }
15   }
```

按上述两步完成开发后，如表 7.3 所示，我们依次启动两个 Eureka 服务器项目、一个服务提供者项目和 ZuulRibbonHystrixDemo 项目，随后在浏览器中输入如下 url。

```
1    http://localhost:5555/routeToRibbonServer/sayHello/Peter
```

此时，能看到正常的输出。随后，我们可以关闭 EurekaRibbonDemo-ServiceProviderOne 项目，这样 sayHello 服务就不可用了。这时再次访问上述的 url，就能看到如下结果。

```
1    return by Hystrix
```

这就说明，当被请求的服务处于不可用状态时，Zuul 组件会自动触发 Hystrix 中的回退（fallback）机制，即通过 getBody()方法返回事先设置好的一段文字。

7.5　本　章　小　结

　　本章在介绍 Zuul 基本功能的前提下，详细给出了 Zuul 常用的 4 种过滤器的用法，尤其讲述了通过 error 过滤器输出异常信息和出错提示界面的做法。

　　此外，本章着重讲述了 Zuul 的本职工作——路由。具体而言，通过案例讲述了简单路由、自定义规则路由和动态路由的做法，并在此基础上让 Zuul 整合了 Ribbon 和 Hystrix 组件。

　　通过本章的学习，大家除了可以了解 Zuul 组件的用法外，还能在架构级别对网关的功能和各种配置有比较直观的认识，这对大家掌握架构师级别的技能大有帮助。

第**8**章

用 Spring Cloud Config 搭建配置中心

在实际的应用项目中，我们一般会用多个基于 Spring Cloud 的微服务功能组件搭建成一个分布式应用。通过之前的学习，我们已经可以看到每个组件一般都会在 application.yml 中包含自己的配置文件，换句话说，在之前的做法中，配置文件是由每个项目组自己来维护的，但这不是推荐的做法。

在实际项目中，所有产生的配置文件将会被配置中心统一管理，这样不仅可以降低出错的风险，还能避免一些重复乃至相互冲突的配置。在 Spring Cloud 体系中，可以用 Spring Cloud Config 组件来搭建项目的配置中心。

8.1 通过 Spring Cloud Config 搭建基于 Git 的配置中心

在项目中，配置中心主要负责三方面的工作：第一，以 Git 或 SVN 版本管理的形式统一管理多个功能模块中的配置信息；第二，能让应用程序简单高效地获取配置信息；第三，能自动加载变更后的配置信息，从而让修改后的配置信息快速生效。

在基于 Spring Cloud 微服务的项目中，一般会用 Spring Cloud Config 来搭建配置中心。本节将把配置文件写入 Git 服务器中，在应用项目中通过 Spring Cloud Config 服务器和客户端来读取具体的配置值。

8.1.1 Spring Cloud Config 中服务器和客户端的体系结构

在基于 Spring Cloud Config 组件的配置中心中有配置服务器和配置客户端两种角色。其中，一个项目中往往会有一个配置服务器，它主要负责从 Git 或 SVN 服务器上获取配置信息，如果有需要的话，项目中每个功能模块会包含一个配置客户端，客户端会从服务器中读取配置信息，大致的体系结构如图 8.1 所示。

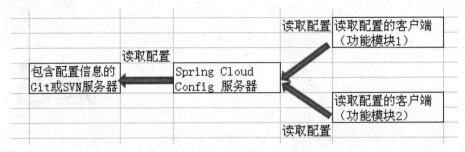

图 8.1　Spring Cloud Config 的体系结构

我们一般会把包含配置信息的 Git 或 SVN 仓库、配置服务器和配置客户端统称为配置中心（基于 Spring Cloud Config）。在后文中，我们将通过具体的案例进一步向大家展示服务器和客户端的具体功能和常见用法。

8.1.2　在 Git 上准备配置文件

大多数公司一般会搭建自己的 Git 服务器，用来存放配置信息。本小节的讲述重点是 Spring Cloud Config 配置中心，简单地把配置文件放在 https://coding.net 代码托管网站的 Git 仓库里，具体的准备工作如下。

步骤01 在 https://coding.net 网站上完成注册、登录等动作后，创建名为 springcloudGitProject 的项目。

步骤02 在该项目中创建一个名为 master 的分支，并设置成"Git"管理模式。

步骤03 在该 master 分支中创建一个名为 git-prod.properties 的配置文件，并在其中输入如下配置信息。

```
1   prod.hello = prod
2   prod.url = localhost
3   prod.port = 3306
```

步骤04 得到如下指向 master 分支的 Git 链接，以便在 Spring Cloud Config 配置中心用到。

```
1   https://git.coding.net/hsm_computer/springcloudGitProject.git
```

由于本章的关注点在于 Spring Cloud Config 配置中心，因此在这里没有详细给出在 https://coding.net 网站中创建项目、分支以及 Git 配置的详细步骤，不过在本书附带的视频中，大家可以看到详细的操作步骤。

至此，我们完成了 Git 仓库的准备工作。接下来就可以在配置中心中连接并读取其中的配置信息了。

8.1.3　在服务器中连接 Git 仓库

在 Spring Cloud Config 配置中心的服务器中，我们将连接 Git 仓库，如果 Git 仓库不是在本地（比如本小节的案例），通过服务器还能把配置文件下载到本地。

在 GitConfigServer 项目中，我们将演示开发 Spring Cloud Config 配置中心的服务器的一般步骤，从中大家能够体会到服务器在配置中心的作用。

代码位置	视频位置
代码\第 8 章\GitConfigServer	视频\第 8 章\SpringCloudConfig 连接 Git 仓库

步骤01 在 pom.xml 中引入 Spring Cloud Config 服务器的依赖包，关键代码如下。该 pom 文件的所有代码，大家可以参考本书附带的项目代码。

```
1   <dependency>
2       <groupId>org.springframework.cloud</groupId>
3       <artifactId>spring-cloud-config-server</artifactId>
4   </dependency>
```

步骤02 编写启动类 ConfigServerApp，代码如下。

```
1   //省略必要的 package 和 import 代码
2   @EnableConfigServer
3   @SpringBootApplication
4   public class ConfigServerApp{
5       public static void main( String[] args ){
6           SpringApplication.run(ConfigServerApp.class, args);
7       }
8   }
```

> **注　意**
>
> 在第 2 行中，我们通过@EnableConfigServer 注解来指定该项目具有 Spring Cloud Config 配置中心服务器的作用。

步骤03 通过 application.yml 文件指定 Git 仓库的配置，代码如下。

```
1   server:
2       port: 5566
3   spring:
4       application:
5           name: SpringCloudConfigGitServer
6       cloud:
7           config:
8               server:
9                   git:
10                      uri: https://git.coding.net/hsm_computer/
                            springcloudGitProject.git
11                      clone-on-start: true
```

其中，我们通过第 1 行和第 2 行代码指定 Spring Cloud Config 服务器工作在 5566 端口，通过第 5 行代码指定该服务器的名字。请注意，这里服务器的名字可以随便起，和 Git 仓库配置之间没有关系。

关键是第 10 行，通过 spring.cloud.config.git.uri 的形式指定本服务器需要指向的 Git 仓库的路径，这里需要和 8.1.2 小节 https://coding.net 网站上的 Git 路径一致。

在默认情况下，当 Git 仓库中的配置被第一次请求时，Spring Cloud Config 服务器才会克隆远端 Git 仓库中的配置，即在本地保存一份远端 Git 仓库中的配置。如果我们像第 11 行那样指定了 clone-on-start 属性是 true，就会在本服务被启动时克隆远端的配置文件。

至此，完成开发工作。通过 ConigServerApp 类启动项目后，能在控制台中看到如图 8.2 所示的效果，其中能看到诸如 /Mapped "{[/{label}/{name}-{profiles}.json],methods=[GET]}" 等的映射 Mapping 关系。

```
Mapping : Mapped "{[/decrypt/{name}/{profiles}],methods=[POST]}" onto public java.lang.Stri
Mapping : Mapped "{[/key],methods=[GET]}" onto public java.lang.String org.springframework.
Mapping : Mapped "{[/key/{name}/{profiles}],methods=[GET]}" onto public java.lang.String or
Mapping : Mapped "{[/encrypt/status],methods=[GET]}" onto public java.util.Map<java.lang.St
Mapping : Mapped "{[/{name}-{profiles}.properties],methods=[GET]}" onto public org.springf
Mapping : Mapped "{[/{name}-{profiles}.yml || /{name}-{profiles}.yaml],methods=[GET]}" onto
Mapping : Mapped "{[/{name}/{profiles:.*[^-].*}],methods=[GET]}" onto public org.springfran
Mapping : Mapped "{[/{name}/{profiles}/{label:.*}],methods=[GET]}" onto public org.springfi
Mapping : Mapped "{[/{label}/{name}-{profiles}.properties],methods=[GET]}" onto public org.
Mapping : Mapped "{[/{name}-{profiles}.json],methods=[GET]}" onto public org.springframewor
Mapping : Mapped "{[/{label}/{name}-{profiles}.json],methods=[GET]}" onto public org.spring
Mapping : Mapped "{[/{label}/{name}-{profiles}.yml || /{label}/{name}-{profiles}.yaml],meth
Mapping : Mapped "{[/{name}/{profile}/{label}/**],methods=[GET],produces=[application/octet
Mapping : Mapped "{[/{name}/{profile}/{label}/**],methods=[GET]}" onto public java.lang.Str
```

图 8.2　启动 Spring Cloud Config 服务器后能看到的 Mapping 映射示意效果图

从图 8.2 我们能看到通过服务器的 url 读取保存在 Git 仓库中配置文件的各种方法。

方法一：在浏览器中输入 "http://localhost:5566/master/git-prod.json"，能看到如下输出，这和我们在 Git 仓库中配置的 git-prod.properties 信息是一致的。

```
1    {"prod":{"hello":"prod","port":"3306","url":"localhost"}}
```

我们来分析一下 url 的格式，其中 5566 是本服务器工作的端口号，这个需要和 application.yml 中配置的 server.port 内容一致。从上文中，我们看到了可以通过 "/{label}/{name}-{profiles}.json" 的形式来访问配置，其中 label 在 Git 的场景中，一般表示 Git 的分支，这里是 master，而 name- profiles 分别对应于配置文件名中的 git-prod，也就是说在这个场景中，name 是 "git"，而 profiles 是 "prod"。

方法二：通过 /{label}/{name}-{profiles}.yml 的形式来访问配置文件，具体是输入 "http://localhost:5566/master/git-prod.yml"，可以看到如下 yml 格式的输出。

```
1    prod:
2      hello: prod
3      port: '3306'
4      url: localhost
```

方法三：通过 /{name}/{profile}/{label}/** 的形式来访问，我们可以把 name、profiles 和 lable 分别改成相应的值，即 http://localhost:5566/git/prod/master，通过这个 url 可以看到配置信息。

此外，我们还可以依照如图 8.2 所示的启动时控制台提示的其他映射方式来查看配置信息。需要说明的是，我们在服务器中通过各种 url 查看配置信息仅仅是验证服务器是否正确地连上 Git 仓库。在一般项目的配置中心服务器中，我们不大会直接使用配置信息，事实上服务器的作用是绑定并获取 Git 仓库中的配置文件，供配置中心的各个客户端使用。

8.1.4　在客户端读取配置文件

在 GitConfigClient 项目中，我们将演示在客户端如何读取配置文件的一般做法。

代码位置	视频位置
代码\第 8 章\GitConfigClient	视频\第 8 章\SpringCloud 在客户端读取配置文件

步骤01　在 pom.xml 中引入 Spring Boot 和 Spring Cloud Config 的依赖包，关键代码如下。

```
1   <dependencies>
2       <dependency>
3           <groupId>org.springframework.cloud</groupId>
4           <artifactId>spring-cloud-starter-config</artifactId>
5       </dependency>
6       <dependency>
7           <groupId>org.springframework.boot</groupId>
8           <artifactId>spring-boot-starter-web</artifactId>
9           <version>1.5.4.RELEASE</version>
10      </dependency>
11  </dependencies>
```

由于在本项目中我们会创建一个控制器类，并在其中提供对外服务的方法，因此需要引入 Spring Boot 的依赖包。

步骤02　在 bootstrap.yml 文件中，通过如下配置连上配置中心的服务器，从而可以得到 Git 仓库中的配置信息，代码如下。

```
1   server:
2       port: 5577
3   spring:
4       application:
5           name: git
6       cloud:
7           config:
8               profile: prod
9               label: master
10              uri: http://localhost:5566
11  management:
12      security:
13          enabled: false
```

其中，通过第 2 行代码指定了本服务的工作端口是 5577；在第 13 行指定了连接时无须安全验证；而第 5 行、第 8 行、第 9 行和第 10 行的参数值需要按如下方式指定。

- spring.application.name 的值需要和服务器中{name}的值一致，这里是 git。
- spring.config.profile 的值需要和{profiles}一致，这里是 prod。
- spring.config.label 的值需要和{label}一致，这里是 master。

- Spring.config.uri 是服务器的路径。

请大家务必注意上述规则，否则无法成功地让客户端连接到服务器。

还有一个细节请大家注意，这里我们不是像往常那样把上述配置文件写入 application.yml，而是写入 bootstrap.yml。大家可以尝试一下，如果把配置文件写入 application.yml，就无法连接配置中心的服务器了。原因是，在启动这个 Spring Cloud 项目时，我们就应该让 Spring Cloud Config 的配置中心根据相关信息进行关联操作，而启动时不会加载 application.yml，从而无法读到其中的配置，但会加载 bootstrap.yml。

步骤03 编写启动类，代码如下。这部分代码我们经常用到，所以就不讲解了。

```
1   //省略必要的package 和 import 代码
2   @SpringBootApplication
3   public class ConigClientApp {
4       public static void main( String[] args ) {
5        SpringApplication.run(ConigClientApp.class, args);
6       }
7   }
```

步骤04 编写一个能提供对外服务的 Controller 类，代码如下。

```
1   //省略必要的package 和 import 代码
2   @RestController
3   public class Controller {
4       @Autowired
5       private Environment env;
6    @RequestMapping(value = "/getConfig", method = RequestMethod.GET)
7       public String getConfig() {
8           //通过 env 对象分别得到 3 个配置
9           String helloStr = env.getProperty("prod.hello");
10          String urlStr = env.getProperty("prod.url");
11          String portStr = env.getProperty("prod.port");
12          //拼装并返回 3 个配置
13          return helloStr + "\n" + urlStr + "\n" + portStr;
14      }
15  }
```

在第 5 行代码中，我们通过@Autowired 引入了一个 env 对象；在第 7~14 行的 getConfig 方法中，我们通过这个 env 对象在第 9~11 行读取到了 git 仓库里 git-prod.properties 文件中的三个配置，并在第 13 行组装后返回。

启动该类后，同时确保服务器项目处于启动状态，然后输入 "http://localhost:5577/getConfig"，这时能看到输出内容 "prod localhost 3306"，说明在配置中心的客户端中能通过服务器正确地得到配置信息。

8.2 搭建基于 SVN 的配置中心

前面我们讲述了配置中心连接 Git 仓库的方式，本节将连接远程 SVN 以得到配置信息。通过这个案例，我们能进一步理解配置中心的服务器和客户端角色。

8.2.1　准备 SVN 环境

SVN 是 Subversion 的缩写，和 Git 一样，是一种版本管理工具。在使用过程中，SVN 一般分服务器和客户端两种，在这个案例中，我们依然把 SVN 的相关配置放在 https://coding.net 代码托管网站上。也就是说，该网站承担了 SVN 服务器的角色，而在本地则采用了 TortoiseSVN 作为 SVN 客户端。通过如下步骤，我们能完成 SVN 环境的准备工作。

步骤01　在 https://coding.net 上，用 SVN 的方式新建一个名为 PropertiesBySVN 的项目，并根据常见的 SVN 目录规则创建如图 8.3 所示的目录。

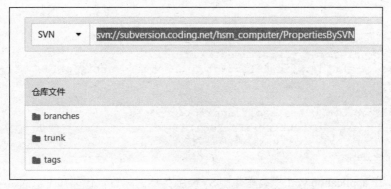

图 8.3　在 SVN 服务器上创建的目录结构示意图

步骤02　在本地正确安装好 TortoiseSVN 软件后，新建一个目录来存放相关配置信息。这里我们是在 D:\svn\PropertiesBySVN\master 目录中创建 svn-dev.properties 和 svn-prod.properties 两个配置文件。在前者写入"dev.maxConnection=100"，在后者写入"prod.maxConnection=200"。

步骤03　通过 TortoiseSVN 把上述两个配置文件提交（commit）到 https://coding.netwang 代码托管的网站中。这里关于 SVN 的操作不详细讲解，但会录制在视频中，如果有问题，大家可以参考。正确操作完成后，svn-prod.properties 和 svn-dev.properties 两个配置文件会被正确地提交到如图 8.4 所示的目录中。

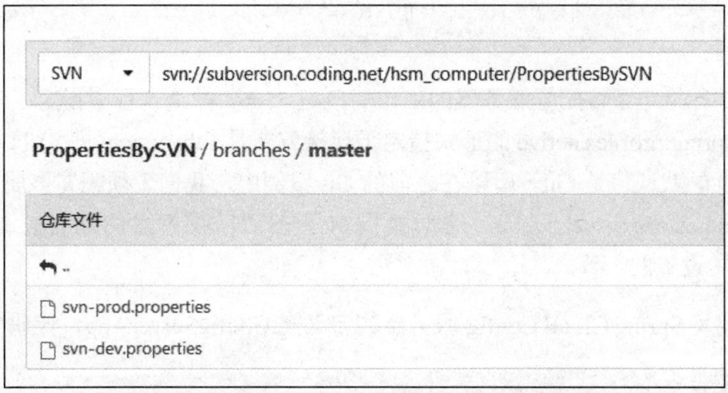

图 8.4　两个配置文件在 SVN 服务器中相关位置的示意图

从图 8.4 的上方，我们能够看到 SVN 仓库的 uri 路径，在 Spring Cloud Config 配置服务器的 application.yml 中，我们需要正确地设置这个 uri。

8.2.2 编写基于 SVN 的配置服务器代码

在 SVNConfigServer 项目中，我们将演示基于 SVN 的配置中心服务器的开发步骤。

代码位置	视频位置
代码\第 8 章\SVNConfigServer	视频\第 8 章\SpringCloud 编写基于 SVN 的配置服务器

步骤01 在该项目的 pom.xml 文件中引入 Spring Cloud Config 服务器和 SVN 的依赖包，关键代码如下。其中，第 1~4 行引入了 Spring Cloud Config Server 的依赖包，第 5~9 行引入了 SVN 依赖包。

```
1   <dependency>
2     <groupId>org.springframework.cloud</groupId>
3     <artifactId>spring-cloud-config-server</artifactId>
4   </dependency>
5   <dependency>
6     <groupId>org.tmatesoft.svnkit</groupId>
7     <artifactId>svnkit</artifactId>
8     <version>1.7.5</version>
9   </dependency>
```

步骤02 在 application.yml 中编写连接 SVN 服务器的配置，代码如下。

```
1   server:
2     port: 5566
3   spring:
4     application:
5       name: SpringCloudConfigSVNServer
6     profiles:
7       active: subversion
8     cloud:
9       config:
10        server:
11          svn:
12            uri: svn://subversion.coding.net/hsm_computer/
                PropertiesBySVN/branches
```

其中，在第 2 行指定了该配置服务器的工作端口是 5566，在第 5 行中指定了该项目的服务名。在第 7 行中通过 spring.profiles.active 的形式指定了连接方式是 subversion（即 SVN）。在 Spring Cloud Config 中，该属性的默认值是 Git，所以在之前的 Git 案例中，我们无须配置该属性的值。在第 12 行中，通过 cloud.config.server.svn.uri 的形式指定了 SVN 服务器的路径，这个值需要和在 https://coding.net 中设置的一致。

步骤03 编写 Spring Cloud Config 服务器的启动类 ConfigServerApp，代码如下。

```
1   //省略必要的 package 和 import 代码
2   @EnableConfigServer
```

```
3    @SpringBootApplication
4    public class ConfigServerApp{
5        public static void main( String[] args ) {
6         SpringApplication.run(ConfigServerApp.class, args);
7        }
8    }
```

这和 Git 案例中的启动类完全一致，同样需要加上如第 2 行所示的@ EnableConfigServer 注解。该类建议用 JDK1.8 编译和启动，启动后，输入"http://localhost:5566/master/svn-prod.properties"，则能看到如下输出。

```
1    prod.maxConnection: 200
```

这说明，该配置服务器成功地连上了 SVN 服务器。而且，我们能看到，配置服务器连接 SVN 和 Git 的方式非常相似，只是稍微修改了 application.yml 中的相关配置。从中我们能看到，配置服务器可以向具体使用配置信息的客户端屏蔽配置信息的存储和管理方式，在后文的描述中，大家可以直观地体会到这点。

8.2.3　在应用中读取基于 SVN 客户端的配置

在 SVNConfigClient 项目中，我们将通过配置服务器读取 SVN 服务器中的配置文件。

代码位置	视频位置
代码\第 8 章\SVNConfigClient	视频\第 8 章\在应用中读取 SVN 客户端的配置

该项目是根据之前的 GitConfigClient 项目改写而成的，它们之间有如下区别。

区别点 1：bootstrap.yml 中的配置信息有所不同。

```
1    server:
2        port: 5577
3    spring:
4        application:
5            name: svn
6        cloud:
7            config:
8                profile: prod
9                label: master
10               uri: http://localhost:5566
11   management:
12       security:
13           enabled: false
```

同样，这里需要把针对 SVN 服务器的连接信息写到 bootstrap.yml 中，而不是 application.yml 中。在 8.2.2 小节，我们是通过"/{label}/{name}-{profiles}.properties"（即/master/svn-prod.properties）的形式来访问基于 SVN 的配置的，根据 8.1.4 小节描述的规则，我们在上述文件中填入了相关内容，具体如下。

第 5 行的 spring.application.name 的值需要和服务器中{name}的值一致，这里是 svn。

第 8 行的 spring.config.profile 的值需要和{profiles}一致，这里是 prod。

第 9 行的 spring.config.label 的值需要和{label}一致，这里是 master。

第 10 行的 spring.config.uri 是服务器的路径。

区别点 2：我们改写了控制器类 Controller.java，代码如下。

```
1    //省略必要的 package 和 import 代码
2    @RestController
3    public class Controller {
4        //同样是通过 env 来获取配置的
5        @Autowired
6        private Environment env;
7        @RequestMapping(value = "/getConfigBySvn", method = RequestMethod.GET
)
8        public String getConfig() {
9            return env.getProperty("prod.maxConnection");
10       }
```

在第 8 行中，我们提供了针对/getConfigBySvn 请求的 getConfig 方法；在第 9 行中，我们通过 env 得到存储在 SVN 服务器中的配置信息。

启动配置中心的服务器和客户端，然后在浏览器中输入"http://localhost:5577/getConfigBySvn"，则能看到 prod.maxConnection 的属性值（200）。这说明，在客户端中，我们成功地得到了 SVN 的配置信息。

8.3　服务器和客户端的其他常见用法

前面我们以 Git 和 SVN 远端仓库为例演示了 Spring Cloud Config 服务器和客户端的基本用法，本节将演示在实际项目中针对配置中心的其他常见操作。

需要说明的是，Spring Cloud Config 服务器除了支持从 Git 或 SVN 服务器上读取配置文件外，还可以从本地指定的路径中读取，但在项目中往往会用版本管理的方式来管理，所以很少采用这种方式。本章不浪费篇幅讲述从本地路径中读取配置的开发方式。

8.3.1　总结配置客户端和服务器的作用

我们采用逆向思维的方式，首先看一下，如果没有 Spring Cloud Config 客户端，那么会带来哪些不便？

第一，我们不得不在微服务架构中自己写一套连接并获取配置文件的方式，包括连接 Git（或 SVN）服务器，并从中得到指定的配置，这部分代码其实是和微服务架构无关的。

换句话说，通过配置客户端，我们能以一种简单的方式（比如写 bootstrap.yml 文件）从配置服务器中得到配置，同时无缝地把这些配置写入 Spring 上下文容器。

第二，如果没有配置客户端，一旦配置文件发生变更，我们就得通过重启服务等方式手动地加载它们。在后文中，我们能看到，通过客户端，当配置变更时，加载方式将会变得比较简洁。

同样的，如果没有配置服务器，项目中多个模块就可能各自管理自己的配置文件，这样就会加大项目运行维护的成本，而配置服务器通过绑定一个（或多个）配置源（比如不同的远端 Git 项目的路径）能实现针对配置文件的统一维护管理。

总结一下，配置服务器和客户端对 Spring Cloud 项目来说有如下作用：

第一，能统一管理配置。

第二，提供了访问远端配置服务器的接口。

第三，能做到和基于 Spring Cloud 架构的微服务体系无缝衔接。

第四，能以较小的代价应对配置文件的变更。

8.3.2　在服务端验证配置仓库访问权限

在以上案例中，我们配置的远端 Git 和 SVN 服务器都没有设置用户名和密码。如果 Git 仓库中设置了访问用户名和密码，那么我们可以在服务端的 application.yml 中通过如下方式来配置。

```
1    spring:
2      cloud:
3        config:
4          server:
5            git:
6              uri: xxx
7              username: root
8              passowrd: 123456
```

其中，在第 7 行和第 8 行中，我们设置了访问 Git 服务器的用户名和密码，请注意它们的层级结构。

如果我们连接的是 SVN 服务器，那么在 application.yml 中可以通过如下方式来配置。

```
1    spring:
2      cloud:
3        config:
4          server:
5            svn:
6              uri:xxx
7              username: root
8              password: 123456
```

在第 7 行和第 8 行中，我们通过 username 和 password 两个属性来配置用户名和密码。

8.3.3　在服务端配置身份验证信息

在 8.3.2 小节，我们讲述了在远端配置仓库配置用户名和密码后，需要在服务端的配置文件中做对应的设置。这里，我们可以通过 spring-boot-starter-security 在服务端设置身份验证信息，这样在客户端连接服务端时就得输入服务端设置的用户名和密码。

我们将通过改写 SVN 配置中心的案例来实现在服务端配置身份验证信息的效果。

步骤01　在 SVNConfigServer 项目的 pom 文件中添加相关的依赖包，关键代码如下。

```
1    <dependency>
2        <groupId>org.springframework.boot</groupId>
3        <artifactId>spring-boot-starter-security</artifactId>
```

```
4          <version>1.5.6.RELEASE</version>
5      </dependency>
```

步骤02 在 SVNConfigServer 项目的 application.yml 中增加 security 相关配置，代码如下。

```
1   server:
2       port: 5566
3   spring:
4       application:
5           name: SpringCloudConfigSVNServer
6       profiles:
7           active: subversion
8       cloud:
9           config:
10              server:
11                svn:
12                  uri: svn://subversion.coding.net/hsm_computer/
                        PropertiesBySVN/branches
13  security:
14    user:
15      name: root
16      password: 123456
```

其中，在第 13~16 行，我们添加了安全配置相关的用户名和密码信息。请大家注意，第 13 行的 security 的配置和第 3 行的 spring 配置项是平级的。

步骤03 在客户端 SVNConfigClient 项目的 bootstrap.yml 文件中增加用户名和密码的配置，关键代码如下。

```
1   spring:
2       application:
3           name: svn
4       cloud:
5           config:
6               profile: prod
7               label: master
8               uri: http://localhost:5566
9               username: root
10              password: 123456
```

请大家注意第 9 行和第 10 行，这里配置的用户名和密码需要和服务端的一致。

至此，代码完成。启动 SVNConfigServer 后，输入 "http://localhost:5566/master/svn-prod.properties"，第一次访问的时候，会要求我们输入在服务端配置的用户名和密码。

再次启动 SVNConfigClient，输入 "http://localhost:5577/getConfigBySvn"，则能看到对应的属性值。这里请注意，如果去掉上述 SVNConfigClient 项目 bootstrap.yml 文件中的 username 和 password，在客户端就无法读取到对应配置值了。

8.3.4 访问配置仓库子目录中的配置

在一个项目中，一般会有多个模块，比如某电商项目会分订单管理和客户管理模块。出于方便管理的考虑，在配置中心的远端仓库中，我们可以通过不同的子目录来存放不同模块的配置。

在 8.2.1 小节准备的 SVN 环境中，我们在 PropertiesBySVN 项目的 branches/master 目录中，通过 TortoiseSVN 添加两个子目录，分别为 CustomerProj 和 OrderProj，在其中分别添加 order-prod.properties 和 customer-prod.properties 两个配置文件。

其中，order-prod.properties 中的内容如下。

```
1    env.name=prod
2    prod.name=order
```

而 customer -prod.properties 中的内容如下。

```
1    env.name=prod
2    prod.name=customer
```

随后，我们需要在 SVNConfigServer 项目的 application.yml 中通过 searchPaths 属性来指定待访问配置文件的路径，关键代码如下。

```
1    spring:
2      cloud:
3        config:
4          server:
5            svn:
6              uri: svn://subversion.coding.net/hsm_computer/
                 PropertiesBySVN/branches
7              searchPaths: Orderproj,CustomerProj
```

请大家注意第 7 行的代码，在这里 searchPaths 的值是两个子目录，它们通过逗号分隔，这样配置中心服务器和客户端就会从中查找配置。

下面来验证一下。启动 SVNConfigServer，并输入 "http://localhost:5566/master/customer-prod.properties"，能看到具体的配置值。请注意，在访问 customer-prod.properties 时，我们并没有在 url 中输入 CustomerProj 路径，但配置服务器会根据 searchPaths 的值到两个指定的路径中去寻找，并从中找到该配置。同理，如果我们输入 "http://localhost:5566/master/order-prod.properties"，也能看到 order-prod.properties 中的配置值。

需要说明的是，我们只需在服务端配置 searchPaths，在客户端无须指定。事实上，客户端是一个个具体的功能模块，在其中只需访问适合自己的配置文件即可，而无须关注其他模块的配置。

比如，我们把 SVNConfigClient 理解成订单管理模块，在其中只需读取 order-prod.properties 中的配置，那么我们只需要在 bootstrap.yml 中把 spring.application.name 修改成 order，其他配置项无须变动。

随后，把 Controller.java 中的 getConfig 方法改写成如下代码，读取 prod.name 的配置项。

```
1    public String getConfig() {
2        return env.getProperty("prod.name");
3    }
```

启动服务器和客户端程序，再输入 "http://localhost:5577/getConfigBySvn"，即可得到 "order" 这个对应的配置值。

8.3.5　在本地备份远端仓库中的配置

如果我们把配置文件放在远端的 Git 或 SVN 仓库，那么有必要在本地存放一份备份，这样万一远端服务器出现故障，那么还可以用本地的配置来应急。通过 basedir 属性，我们就可以指定本地存放远端仓库文件的路径。

比如在 SVNConfigServer 项目的 application.yml 中，我们可以按如下第 6 行的方式设置 basedir 的属性值是 C:\\svnDir。

```
1    spring:
2      cloud:
3        config:
4          server:
5            svn:
6              basedir: C:\\svnDir
```

设置完成后，启动服务器，当我们再次通过诸如 http://localhost:5566/master/order-prod.properties 的方式访问远端配置时，在 C 盘下的 svnDir 中即可看到远端仓库中的所有配置，如图 8.5 所示。

图 8.5　在本地保存远端仓库配置文件的效果图

如果我们用的是 Git 远端仓库，那么可以在 spring.cloud.config.server.git.basedir 配置中指定本地路径的位置，效果是一样的。

8.3.6　用本地属性覆盖远端属性

在发布项目或在修复生产环境的问题时，有时我们需要紧急更改配置，此时如果来不及更改远端仓库中的配置（比如权限不够），就需要在本地修改配置后，用它覆盖掉远端的值。我们固然可以通过设置禁止本地覆盖远端的配置，但不建议这样做。

我们来演示一下覆盖远程属性的做法。当前在 SVN 服务器上的 order-prod.properties 文件中，prod.name 的属性是 order。在 SVNConfigServer 项目的 application.yml 中，我们可以通过如下方式来重定义该属性。

```
1    spring:
2      cloud:
3        config:
4          server:
5            overrides:
6              prod:
7                name: myOrder
```

也就是说，我们可以通过 spring.cloud.config.server.overrides 属性来实现覆盖的效果，由于这里我们需要覆盖 prod.name 的值，因此可以通过上述第 6 行和第 7 行的代码来实现。

完成修改后，再次启动 SVNConfigServer 项目，即可看到 prod.name 的值是 myOrder，而不是过程 SVN 服务器上定义的 order。

另外，当我们访问 http://localhost:5566/master/svn-prod.properties 时，虽然在 SVN 上，这个配置文件中并没有包含 prod.name 属性，但还是能看到该属性的值是 myOrder，如图 8.6 所示。

```
prod.maxConnection: 200
prod.name: myOrder
```

图 8.6　覆盖属性的效果图

此时，我们可以在 svn-prod.properties 文件中加入"prod.name=svn"这个配置，再次启动服务器，并输入"http://localhost:5566/master/svn-prod.properties"，我们还是能看到"prod.name: myOrder"的输出。

这说明，我们通过 spring.cloud.config.server.overrides 覆盖了所有配置文件中的 prod.name 属性，也就是说这种覆盖是全局性的。

综上所述，针对用本地属性覆盖远端的做法，我们需要注意如下两点。

第一，应当避免其他配置文件中同名属性值也被误覆盖，因为我们看到这种覆盖是全局性的。

第二，从项目运行维护的角度来看，远端服务器上的配置文件应当和配置中心的一致，所以建议大家修改本地配置后，应当及时更新到远端服务器上。

8.3.7　failFast 属性

当配置中心客户端（功能模块）在启动时，如果发现无法从配置服务器上获得相关配置参数（比如配置服务器因网络原因不可用），那么可以在启动脚本中给相关参数设置默认值，同时启动客户端。

但在有些场景中，应当终止启动客户端。对此，我们设置 spring.cloud.config.failFast 属性为 true 即可。我们来验证一下这个参数的效果。

步骤01 在不启动 SVNConfigServer 的前提下，不在 SVNConfigClient 项目的 bootstrap.yml 中加入 spring.cloud.config.failFast 属性，此时启动 SVNConfigClient，虽然无法连接到配置服务器，但至少启动不会报错。

步骤02 在 SVNConfigClient 项目的 bootstrap.yml 中加入 failFast 属性，关键代码如下。

```
1    spring:
2      cloud:
3        config:
4          failFast: true
```

还是在 SVNConfigServer 不可用的前提下启动 SVNConfigClient，此时启动会失败。

8.3.8　与 failFast 配套的重试相关参数

在 failFast 等于 true 的前提下，根据异常处理的原则，一旦发现配置服务器不可用，我们可以做几次重试操作，在多次重试后发现服务器确实不可用时才终止客户端的启动动作。对此，我们可以通过如下步骤实现"失败重试"的效果。具体的实现步骤如下。

步骤01 在 SVNConfigClient（配置客户端）的 pom.xml 中加入和重试相关的依赖项，关键代码如下。

```
1        <dependency>
2            <groupId>org.springframework.retry</groupId>
3            <artifactId>spring-retry</artifactId>
4            <version>1.2.2.RELEASE</version>
5        </dependency>
6        <dependency>
7            <groupId>org.springframework.boot</groupId>
8            <artifactId>spring-boot-starter-aop</artifactId>
9            <version>1.5.7.RELEASE</version>
10       </dependency>
```

步骤02 在 bootstrap.yml 中添加和重试相关的参数，关键代码如下。

```
1    spring:
2        cloud:
3            config:
4                retry:
5                    initial-interval: 10
6                    max-interval: 100
7                    max-attempts: 3
8                    multiplier: 2
```

其中，第 5~8 行的参数都是和重试有关的，它们都有 spring.cloud.config.retry 的前缀。在表 8.1 中，我们归纳了这些参数的含义。

表 8.1　和重试相关的参数的含义

参数名	含义
initial-interval	第一次重试的时间间隔，单位是毫秒，默认是 1000 毫秒
max-interval	最大的重试时间间隔，单位是毫秒，默认是 2000 毫秒
max-attempts	最大的重试次数，默认是 6
multiplier	和上次重试时间间隔相比，本次重试时间间隔的递增系数

前面我们配置的重试次数是 3，第一次重试的时间间隔是 10 毫秒，也就是说，第一次失败后，下次重试的时间间隔是 10 毫秒。我们设置的 multiplier 是 2，即第二次重试的时间间隔是第一次重试的 2 倍，即 20 毫秒。也就是说，每次重试的时间间隔有递进的关系，但最大的时间间隔是 max-interval（这里是 100）。

设置完成后，再次启动 SVNConfigClient 依然会失败，但在失败前，在控制台中能看到如图 8.7 所示的效果。从中我们能看到，在失败前确实重试了 3 次，这和之前设置的 max-attempts 参数是一致的。

```
Fetching config from server at: http://localhost:5566
Fetching config from server at: http://localhost:5566
Fetching config from server at: http://localhost:5566
Application startup failed
```

图 8.7　失败前重试的效果图

在实际项目中，只有在偶发性的网络异常场景中，重试机制才能保证配置客户端最终能连上服务器，如果配置服务器确实失效了，那么再怎么重试也没有帮助。所以说，针对上述重试参数，如果没有特殊的情况，可以采用如下配置建议。

第一，重试次数不宜过多，别超过默认指定的 6 次。

第二，最大的重试间隔不宜过长，别到最后得间隔 1 分钟才能重试。

第三，multiplier 参数尽量采用递增的配置方式。

总之，大家可以根据项目实际情况配置上述参数，但如果没有特殊情况，尽量采用默认值。

8.4　Spring Cloud Config 与 Eureka 的整合

在实际项目中，配置中心组建 Spring Cloud Config 一般会和服务发现和治理框架 Eureka 整合使用，往往会配置一个由 Spring Cloud Config Server 构成的配置服务器、一个（或多个）Eureka 服务器和多个提供服务的微服务模块。

其中，提供服务的微服务模块不仅会向 Eureka 服务器注册，因为它们本身就是 Eureka 客户端，而且会向配置中心的服务器请求配置参数，所以也是配置中心的客户端。

8.4.1　本案例的体系结构和项目说明

代码位置	视频位置
代码\第 8 章\EurekaConfigServer 代码\第 8 章\EurekaConfigClient	视频\第 8 章\SpringCloudConfig 与 Eureka 的整合

在实践中，我们可以把配置中心服务器和 Eureka 服务器放在不同的项目中，出于高可用性的考虑，甚至可以把它们部署在不同的服务器上。如果项目规模不大，我们可以把两者合二为一，让同一个 Spring Cloud 项目同时承担配置服务器和 Eureka 服务器的角色，本项目就将演示这样的效果。

此外，本案例中的服务提供者将通过 Spring Data 连接 MySQL，从中得到数据后再返回。在实际项目中，还应当包含 Ribbon、Hystrix、Feign 以及 Zuul 等的组件，这里我们为了不喧宾夺主，就只演示 Spring Cloud Config 与 Eureka 的整合方式。本案例的体系结构如图 8.8 所示。

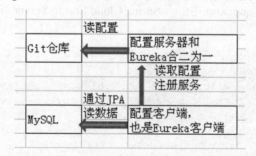

图 8.8　Spring Cloud Config 整合 Eureka 的效果图

8.4.2 准备数据库环境和 Git 配置信息

我们将用到第 2 章创建的 MySQL 环境，当时我们在 MySQL 中一个名为 springboot 的数据库中创建了一个名为 student 的表，结构如表 8.2 所示。

表 8.2 student 表结构的说明

字段名	类型	含义
id	varchar	主键,学号
name	varchar	姓名
age	varchar	年龄
score	float	成绩

该表中有如图 8.9 所示的一条数据。

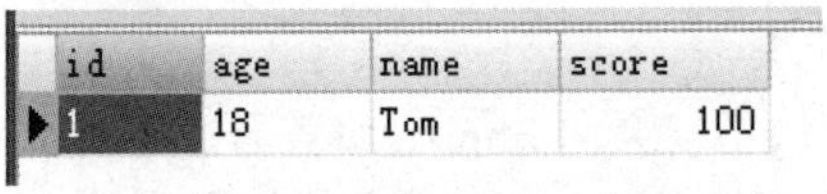

图 8.9 student 表中的一条数据

我们将用到 8.1 节所描述的 Git 仓库，具体而言，是在 https://coding.net 网站的 springcloudGitProject 项目中存在一个 master 分支，在其中的 git-prod.properties 配置文件中输入如下关于 MySQL 连接的配置信息。

```
1  prod.url = jdbc:mysql://localhost:3306/springboot
2  prod.username = root
3  prod.password = 123456
```

至此，数据库环境和 Git 仓库准备完毕。

8.4.3 配置服务器与 Eureka 服务器合二为一

EurekaConfigServer 项目承担着 Spring Cloud Config 配置服务器和 Eureka 服务器的双重职责，该项目的关键开发步骤如下。

步骤01 在该项目的 pom.xml 中引入 Spring Cloud Config Server 和 Eureka 服务器的依赖包，关键代码如下。

```
1   <dependencies>
2     <dependency>
3       <groupId>org.springframework.cloud</groupId>
4       <artifactId>spring-cloud-starter-eureka-server</artifactId>
5     </dependency>
6     <dependency>
7       <groupId>org.springframework</groupId>
8       <artifactId>spring-core</artifactId>
9       <version>4.3.8.RELEASE</version>
10    </dependency>
11    <dependency>
12      <groupId>org.springframework.cloud</groupId>
```

```
13              <artifactId>spring-cloud-config-server</artifactId>
14         </dependency>
15    </dependencies>
```

其中，我们通过第 2~10 行代码引入了 Eureka 服务器的依赖包，通过第 11~14 行代码引入了 Spring Cloud Config 服务器的依赖包。

步骤02 在 application.yml 中引入配置中心和 Eureka 服务器的相关配置参数，代码如下。

```
1   server:
2     port: 8888
3   eureka:
4    instance:
5      hostname: localhost
6    client:
7      register-with-eureka: false
8      fetch-registry: false
9      serviceUrl:
10       defaultZone: http://localhost:8888/eureka/
11   spring:
12     application:
13       name: EurekaConfigServer
14     cloud:
15       config:
16         server:
17           git:
18             uri: https://git.coding.net/hsm_computer/
                   springcloudGitProject.git
19             clone-on-start: true
```

其中，我们通过第 1~10 行代码指定了 Eureka 服务器的配置信息，这里和之前我们用到的相关配置非常相似，而在第 11~19 行代码中指定了 Git 仓库的相关配置，这些 Git 配置信息的取值方式如 8.1.3 小节的描述，而且它们是和 Git 仓库中的项目名、文件名和版本名能完全匹配上的。

步骤03 在 EurekaConfigServer 类中编写启动类的代码。

```
1   //省略必要的 package 和 import 代码
2   @EnableConfigServer
3   @EnableEurekaServer
4   @SpringBootApplication
5   public class EurekaConfigServer {
6       public static void main( String[] args ){
7        SpringApplication.run(EurekaConfigServer.class, args);
8       }
9   }
```

这里 main 函数的代码非常中规中矩，但由于该项目承担着 Eureka 服务器和配置服务器的双重角色，因此需要在第 2~4 行中加入相关的注解。

至此，服务器部分的代码开发完成。我们可以用如下方式来验证：启动 EurekaConfigServer 类，并在浏览器中输入"http://localhost:8888/master/git-prod.yml"，则能看到如下配置信息。

```
1   prod:
2     password: '123456'
3     url: jdbc:mysql://localhost:3306/springboot
```

```
4       username: root
```

8.4.4 配置客户端与 Eureka 客户端合二为一

这里我们同样让 EurekaConfigClient 项目承担如下两种角色。

第一，它是配置客户端，所以在该项目中可以通过配置服务器读取 Git 仓库中的配置。

第二，它是 Eureka 客户端，该项目中提供的服务需要向 Eureka 服务器注册，注册后，Eureka 服务器即可监控和管理该服务。

此外，该项目还通过第 2 章提到的 JPA 组件来连接并读取 MySQL 数据库，该项目的关键实现步骤如下。

步骤01 在 pom.xml 文件中引入 Eureka 客户端、Spring Cloud Config 配置客户端、JPA 组件以及 MySQL 的相关依赖包，关键代码如下。

```
1   <dependencies>
2       <dependency>
3           <groupId>org.springframework.boot</groupId>
4           <artifactId>spring-boot-starter-web</artifactId>
5           <version>1.5.4.RELEASE</version>
6       </dependency>
7       <dependency>
8           <groupId>org.springframework.cloud</groupId>
9           <artifactId>spring-cloud-starter-eureka</artifactId>
10      </dependency>
11      <dependency>
12          <groupId>org.springframework.cloud</groupId>
13          <artifactId>spring-cloud-starter-config</artifactId>
14      </dependency>
15      <dependency>
16          <groupId>org.springframework.boot</groupId>
17          <artifactId>spring-boot-starter-data-jpa</artifactId>
18          <version>1.5.4.RELEASE</version>
19      </dependency>
20      <dependency>
21          <groupId>mysql</groupId>
22          <artifactId>mysql-connector-java</artifactId>
23          <version>5.1.3</version>
24      </dependency>
25  </dependencies>
```

步骤02 在 bootstrap.yml 中引入 Eureka 客户端和配置客户端的相关代码。前面我们已经分析过为什么把这些配置信息放入 bootstrap.yml 而不是 application.yml 的原因，所以这里就不再重复了。

```
1   server:
2       port: 8899
3   spring:
4       application:
5           name: git
6       cloud:
```

```
7            config:
8                profile: prod
9                label: master
10               uri: http://localhost:8888
11   management:
12     security:
13         enabled: false
14   eureka:
15     client:
16       serviceUrl:
17         defaultZone: http://localhost:8888/eureka/
```

其中，在第 3~13 行指定了客户端的配置，根据这些参数，我们能通过配置服务器成功地读取到 Git 仓库上的配置信息；在第 14~17 行代码中，我们指定了该客户端是向 http://localhost:8888/eureka/这个 Eureka 服务器注册的。

步骤03 在 application.properties 中引入 JPA 相关的配置。这里需要说明的是，我们完全可以把这部分的内容合并到 bootstrap.yml 中，这里是为了更直观地演示连接 JPA 的配置参数，所以才分开编写的。

```
1    spring.jpa.show-sql = true
2    spring.jpa.hibernate.ddl-auto=update
3    spring.datasource.driver-class-name=com.mysql.jdbc.Driver
4
5    spring.datasource.url=${prod.url}
6    spring.datasource.username=${prod.username}
7    spring.datasource.password=${prod.password}
```

关键是第 5~7 行代码，请大家注意两点：第一，我们是用${配置值}的方式动态地指定连接参数的；第二，我们指定的诸如 prod.url 等参数，需要和 Git 仓库中的配置参数一致。事实上，我们已经在 Git 仓库的 git-prod.properties 文件中指定了 prod.url、prod.username 和 prod.password 的值，所以这里才能得到正确的 MySQL 连接信息。

步骤04 编写 JPA 相关的 Model 类、Service 类和 Repository 类的相关代码。这部分代码虽然重要，但和本部分配置中心和 Eureka 整合的主题无关，而且在第 2 章中已经给出了详细的描述，所以这里就不再给出代码了，大家可以参照本小节给出的代码和相关视频内容。

步骤05 编写对外提供服务的控制器类 Controller.java，代码如下。

```
1    //省略必要的package 和 import 的代码
2    @RestController
3    public class Controller {
4        @Autowired //引入 student Service 类
5        private StudentService studentService;
6         @RequestMapping(value = "/find/name/{name}")
7         public List<Student> getStudentByName(@PathVariable String name) {
8             List<Student> students = studentService.findByName(name);
9             return students;
10        }
11   }
```

在第 5 行中，我们通过@Autowired 注解引入了 student Service 类，在第 7~10 行的

getStudentByName 方法的第 8 行中，我们通过该 student Service 类的 findByName 方法，根据参数传入的 name，到 Student 数据表中获取对应的数据并返回。这部分获取数据的功能我们是通过 JPA 组件来实现的。

而且，通过第 6 行的@RequestMapping 注解，我们能够看到，一旦我们调用了/find/name/{name} 格式的 url，getStudentByName 方法就会被触发。

步骤06 编写启动类 ConfigClientApp.java，这个类和其他 Eureka 客户端的启动类非常相似，代码如下。

```
1    //省略必要的package 和 import 代码
2    @EnableEurekaClient
3    @SpringBootApplication
4    public class ConfigClientApp {
5        public static void main( String[] args ){
6         SpringApplication.run(ConfigClientApp.class, args);
7        }
8    }
```

8.4.5 查看运行效果

完成上述服务器端和客户端的代码后，依次启动 EurekaConfigServer 和 EurekaConfigClient，随后，当我们在浏览器中输入 "http://localhost:8899/find/name/tom" 时，就能看到有如下输出。

```
1    [{"name":"Tom","age":"18","score":100.0,"id":"1"}]
```

这说明，在客户端的代码中，Spring 容器成功地读到了 Git 配置，所以类似${prod.url}格式的变量被赋予了正确的值，在此基础上，服务提供者（即 getStudentByName 方法）通过 JPA 从 MySQL 数据库中得到了所需数据并返回。

这里请注意，我们也可以如 8.2.3 小节那样，在 Java 代码中，通过 env.getProperty("属性名") 的方式得到 Git 配置并处理。

但在 JPA（或其他设置 datasource）的场景中，我们往往需要在配置文件中设置和连接相关的参数。在这类场景中，大家可以在配置文件中采用本小节给出的 "${属性名}" 方式直接给相关属性赋值。

8.5 本 章 小 结

本章主要讲述了 Spring Cloud Config 组件以 Git 和 SVN 两种方式管理分布式项目中配置文件的做法，具体包括如何搭建配置仓库、如何在项目中使用配置仓库中的配置信息以及如何以安全的方式访问配置文件。

此外，本章还给出了 Spring Cloud Config 和 Eureka 组件整合使用的方式，大家在读完本章后，可以全面了解 Spring Cloud Config 的常见用法。

第 9 章

消息机制与消息驱动框架

当业务模块中类之间的关联关系过于复杂，以至于成为项目扩展和维护的痛点时，我们就有必要把它拆分成若干个微服务模块，这些微服务模块间往往通过发送消息来协同工作。对此，在 Spring Cloud 组件库中，我们可以通过 Spring Cloud Bus（消息总线）来协调多个微服务模块。

进一步，通过 Spring Cloud Stream 组件（消息驱动框架），我们无须编写复杂的通信相关的代码就可以搭建基于"消费者组"或"消息分区"的消息收发框架。

总之，通过消息总线或消息驱动框架组件，程序员不仅可以优化微服务模块间的通信体系结构，并且更加关注消息的内容，而不是和具体业务无关的通信底层细节。

9.1 在微服务中实现模块间的通信

我们固然可以自己编写代码，利用现有的消息中间件（比如 RabbitMQ 或 Kafka 等）让各模块相互发送消息。但在 Spring Cloud 微服务体系结构中，我们可以通过引入消息框架组件来解耦合消息发送底层实现功能和消息发生本身的业务，而消息总线则是消息框架组件的重要构成。

在本章的开篇，我们将为大家理清诸多和发送消息相关的概念。

9.1.1 消息代理和消息中间件

如果我们要把物品从上海寄送到北京，那么我们无须亲自到北京一趟，而是可以把东西交给快递公司，由快递公司负责送到目的地。在这个例子中，我们可以把待寄送的物品理解成消息，把快递公司理解成消息代理。

从中我们能看到，消息代理（Message Broker）不仅具有平台无关特性（不同的业务模块都可以使用相同的消息代理），而且还能解耦合通信业务和通信的底层实现细节。

实现消息代理的产品叫消息中间件，常见的消息中间件有两种：第一种是基于高级消息队列协议（AMQP）的 RabbitMQ，它是用 Erlang 语言开发而成的；第二种是由 Apache 软件基金会开发的 Kafka，它是用 Java 和 Scala 开发而成的。

9.1.2　Spring Cloud 体系中的消息总线

在 Spring Cloud 体系中，如果我们让各模块间直接相互发送消息，那么多个版本迭代之后，各模块之间的信道就可能像蜘蛛网那样复杂。一旦出现业务扩展或功能维护，修改此类复杂信道的代价会相当大，这样系统的维护成本就非常高。

对此，Spring Cloud 组件中引入了消息总线的概念：各模块是通过消息总线向消息代理（也可以叫消息中间件）发送消息的，而消息传递的底层实现细节（比如如何通过路由再到目的模块）以及失效重发机制等，程序员不用关心。从上述描述中我们能看到，消息总线和消息中间件是一个有机的整体，Spring Cloud 中引入消息总线后的结构如图 9.1 所示。

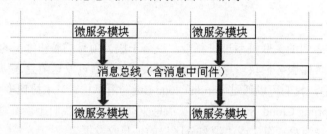

图 9.1　Spring Cloud 体系中消息总线的效果示意图

从图 9.1 中我们能看到，在 Spring Cloud 微服务体系中，消息总线就好比是"快递公司"，会提供一个统一的接口供各模块发送消息。收到消息后，会根据定义在消息中间件中的路由规则把消息发送到目标模块。

9.1.3　Spring Cloud Stream：消息驱动框架

消息总线最大的便利是能屏蔽消息传递的细节，而且能为消息的传递提供一个统一的信道。在此基础上，消息驱动框架向我们进一步封装了消息中间件的动作细节，通过它，我们甚至只需一些简单的配置就能定义模块间消息传递的模式。

具体而言，在消息驱动框架中，有如下 4 个比较重要的概念（或组件），通过它们，程序员甚至无须了解消息中间件的细节，就能在微服务模块间传递消息。

第一，绑定器。微服务模块可以通过绑定器与消息中间件（比如 RabbitMQ）相关联，如果更换消息中间件（比如换到了 Kafka），我们只需要更换相应的绑定器代码，而无须变更消息发送的相关代码。这就好比我们通过 JDBC 连接数据库，一旦数据库种类发生变更，我们只需更换连接驱动和对应的数据库配置信息。

第二，发布订阅模式。在该模式中，程序员能事先定义好消息的发送方和接收方（即

destination），一旦有消息被发送到消息中间件，所有订阅该消息的模块都会收到这条消息。

　　第三，消费组。在微服务体系中，出于负载均衡和高可用性的考虑，我们一般会把同一套服务部署到多个服务器节点上，在之前的案例中，我们确实也这样干过。

　　也就是说，一条消息可能需要发到同一组相同的消费节点上，但我们只希望该组内只有一个节点处理该消息。对此，我们可以利用消息驱动框架中"消息组"的特性把这些功能相同的模块设置成同一个"消息组"，从而保证该组内只有一个模块处理消息。

　　第四，消费分区。当我们把消息发送到一个消息组中时，我们无法确保该消息会被哪个模块处理。比如有三个具有相同功能的模块构成了一个负载均衡组件，到达的消息会根据当前负载情况被其中任意一个模块处理，但无法保证每次都被相同的模块处理。

　　但在一些场景中，我们需要让具有某个特征的消息被相同的模块处理，这时就可以用到消息分区的概念。对于特定的消息分区，我们能通过配置保证具有相同特征的消息在每次到达时都被同一个模块处理。

　　这里请大家先理解上述概念，下文在学习案例时，大家会再次感受到这些概念在消息收发方面带给我们的便利性。

9.2　消息中间件的案例

　　我们将先讲解 RabbitMQ 和 Kafka 两大消息中间件的安装步骤，并在此基础上给出通过它们发送和接收消息的基本案例。本节是后文讲述 Spring Cloud Bus 和 Spring Cloud Stream 的基础。

9.2.1　RabbitMQ 的安装步骤

　　RabbitMQ 是一个基于 AMQP 的可复用的企业消息中间件系统。由于 RabbitMQ 是基于 Erlang 的，因此得先安装 Erlang，再安装 RabbitMQ，具体的步骤如下。

步骤01 到 http://www.erlang.org/ 官网上下载 Erlang 的安装包。这里请注意，需要根据自己的操作系统下载 32 位或 64 位的安装包。

步骤02 安装完 Erlang 后，在环境变量中新增一个变量 ERLANG_HOME，该变量需要指向 Erlang 的安装路径。

步骤03 到 http://www.rabbitmq.com/download.html 页面下载 RabbitMQ 的安装包，这里请同样注意 32 位和 64 位的差别，而且安装的版本需要和之前 Erlang 的版本兼容。一般来说，安装之后，RabbitMQ 的服务会自动启动。

步骤04 在命令窗口执行 rabbitmq-plugins enable rabbitmq_management，开启窗口管理模式。

　　随后，在浏览器中输入"http://localhost:15672/"，能看到一个登录页面，用户名和密码默认都是 guest，如图 9.2 所示。这里如果有问题，请通过第 4 步开启窗口管理模式。

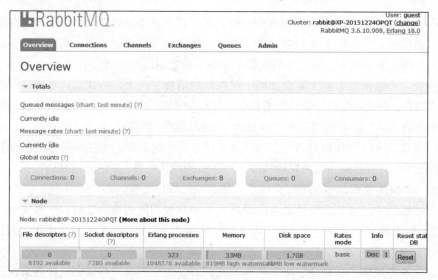

图 9.2　RabbitMQ 管理页面的效果图

9.2.2　通过 RabbitMQ 发送和接收消息的案例

这里，我们新建一个名为 RabbitMQSimpleDemo 的 Maven 项目，在 pom.xml 中，我们将引入 RabbitMQ 的依赖包，关键代码如下。

```
1    <dependency>
2        <groupId>com.rabbitmq</groupId>
3        <artifactId>amqp-client</artifactId>
4        <version>5.3.0</version>
5    </dependency>
```

随后，我们开发一个名为 MsgSender.java 的消息发送类，代码如下。

```
1    //省略必要的package 和 import 代码
2    public class MsgSender {
3      public static void main(String[] args) {
4          // 初始化连接工厂
5          ConnectionFactory connfactory = new ConnectionFactory();
6          //设置连接工厂指向的目的地
7          connfactory.setHost("localhost");
8          //通过工厂创建消息连接
9          Connection conn = null;
10         Channel myChannel = null;
11         try {
12             conn = connfactory.newConnection();
13             // 通过消息连接创建通信通道
14             myChannel = conn.createChannel();
15             String qName = "MyQueue";
16             // 通过通道创建一个队列
17             myChannel.queueDeclare(qName, false, false, false, null);
18             //定义消息
19             String msg = "This is my First Msg By RabbitMQ";
20             // 发送消息
```

```
21              myChannel.basicPublish("", qName, null, msg.getBytes());
22          } catch (IOException e) {
23              e.printStackTrace();
24          } catch (TimeoutException e) {
25              e.printStackTrace();
26          }
27      finally{
28          // 关闭通道和连接
29            try {
30        if(myChannel!= null){
31              myChannel.close();
32            }
33          if(conn != null){
34              conn.close();
35            }
36          } catch (IOException e) {
37              e.printStackTrace();
38          } catch (TimeoutException e) {
39              e.printStackTrace();
40          }
41      }
42  }
43 }
```

在上述代码中，我们通过如下步骤实现了消息发送的功能。

第一步，通过第 7 行代码设置连接工厂的目标地址，这里是 localhost。

第二步，通过第 17 行代码使用 queueDeclare 方法新建一个名为 myQueue 的通信队列（也叫消息队列），该方法的原型如下。

```
1   queueDeclare(String queue, boolean durable, boolean exclusive, boolean
autoDelete ,Map<String, Object> arguments);
```

其中，第一个参数表示队列名。第二个参数表示是否持久化，这里的取值是 false，表示重启 RabbitMQ 后，存放在该消息队列中的消息会丢失。第三个参数表示是否排外，有两个作用：作用一，当连接关闭时（这里即 conn 关闭时），该队列是否会自动删除；作用二，如果不是排外的（即该值是 false），可以让其他 channel 访问该队列，否则其他 channel 不能访问。从上述分析来看，由于该参数是 false，则连接关闭时，不会自动删除，且允许其他 channel 访问该队列。第四个参数表示该队列中的消息是否会自动删除，这里的取值是 false，如果设置为 true，那么可以通过第五个参数来定义自动删除的时间点。在使用过程中，一般不设置为自动删除，所以第五个参数一般是 null。

第三步，通过第 21 行的 basicPublish 方法发送消息。该方法的第一个参数是交换器的名称，这里用到的是匿名交换器；第二个参数是队列名；第三个参数是路由规则，这里是空；第四个参数是待发送的消息。

完成发送后，我们需要在第 27~41 行的 finally 从句中关闭各种连接。

至此，我们已经把第 19 行定义的消息发送到了 MyQueue 队列中。从图 9.3 中，我们能看到新创建的名为"MyQueue"的消息队列，而且其中有一条刚发的状态是 Ready 的消息。

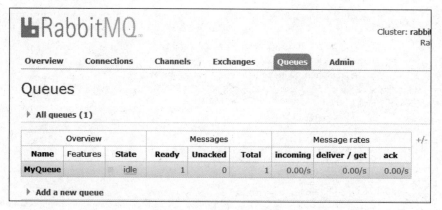

图 9.3　新创建的消息队列

在下面的 MsgReceiver 类中，我们实现了接收消息的功能，代码如下。

```
1    //省略必要的package 和 import 代码
2    public class MsgReceiver {
3      public static void main(String[] argv)  {
4          ConnectionFactory connfactory = new ConnectionFactory();
5          connfactory.setHost("localhost");
6          Connection conn = null;
7          Channel myChannel = null;
8          try {
9              conn = connfactory.newConnection();
10             conn.createChannel();
11             myChannel = conn.createChannel();
12             String qName = "MyQueue";
13             myChannel.queueDeclare(qName, false, false, false, null);
14             // 创建消费者
15             Consumer consumer = new DefaultConsumer(myChannel) {
16                 @Override
17                 public void handleDelivery(String tag, Envelope env,
                    BasicProperties prop, byte[] msgBody) {
18                     System.out.println("msg:"  + new String(msgBody));
19                 }
20             };
21             channel.basicConsume(qName, true, consumer);
22         } catch (IOException e) {
23             e.printStackTrace();
24         } catch (TimeoutException e) {
25             e.printStackTrace();
26         }
27         finally{
28             // 关闭通道和连接
29             try {
30             if(myChannel != null){
31                 myChannel.close();
32             }
33                 if(conn != null){
34                     conn.close();
35                 }
36             } catch (IOException e) {
```

```
37                    e.printStackTrace();
38            } catch (TimeoutException e) {
39                    e.printStackTrace();
40            }
41        }
42    }
43 }
```

这里，通过连接工厂创建 conn 连接对象的代码和通过连接对象创建渠道（channel）的代码与之前的消息发送类 MsgReceiver.java 很相似，所以就不再详细讲述了。

在第 15 行中，我们构建了一个 Consumer 类型的消费者对象，它是连接到 channel 渠道的，在其中第 17~19 行的 handleDelivery 方法中，我们接收到了 MsgReceiver 类通过 MyQueue 队列发来的消息。这里我们同样在 finally 从句中关闭了连接对象和渠道。

运行该程序后，能在控制台中看到输出："msg:This is my First Msg By RabbitMQ"。这说明，刚才我们开发的消息发送类和消息接收类成功地通过 RabbitMQ 中间件创建的 MyQueue 队列进行了消息的交互。

9.2.3　Kafka 的安装步骤

Kafka 是由 LinkedIn 公司开发的一个分布式的消息中间件系统。Kafka 具有分区和复制的日志功能，它还具有消息发布和订阅功能。在 Windows 系统中安装 Kafka 的步骤如下。

第一步，下载、安装和启动 Zookeeper。

由于 Kafka 是分布式的，因此它需要用 Zookeeper 来管理。我们到 Zookeeper 官网的（即 Apache 网站）http://zookeeper.apache.org/releases.html 页面可以下载到安装包。解压缩安装包后，到 conf 目录下找到 zoo_sample.cfg，把它重命名为 zoo.cfg。随后在 cmd 命令窗口中，到 bin 目录下运行 zkServer.cmd 命令能启动 Zookeeper。之后，我们需要 Zookeeper 一直处于启动状态，所以不用关闭该窗口。

第二步，下载、安装和启动 Kafka。

到 http://kafka.apache.org/downloads.html 页面可以下载安装包，请注意下载二进制（Binary）文件，别下载源文件（Source）。

解压缩安装包后，启动 cmd 命令窗口，进入安装目录，运行如下命令能启动 Kafka。

```
1    .\bin\windows\kafka-server-start.bat .\config\server.properties
```

我们可以通过如下步骤检验 Zookeeper 和 Kafka 是否成功地安装和运行。

步骤01　打开一个新的 cmd 命令窗口，通过如下命令在 Kafka 系统中创建一个名为 "myTopic" 的主题。

```
1    .\bin\windows\kafka-topics.bat --create --zookeeper localhost:2181
--replication-factor 1 --partitions 1 --topic myTopic
```

步骤02　打开一个新的 cmd 命令窗口，通过如下命令创建一个消息的生产者实例。请注意，该窗口不要关闭，而且这个生产者是向刚才创建的 myTopic 主题中发送消息的。

```
1    kafka-console-producer.bat --broker-list localhost:9092 --topic myTopic
```

步骤03 打开一个新的 cmd 命令窗口，通过如下命令创建一个消息的消费者实例。请注意，该消息实例也是针对 myTopic 主题的。

```
1    kafka-console-consumer.bat --zookeeper localhost:2181 --topic myTopic
```

步骤04 在创建完消息生产者和消息消费者实例后，大家可以在生产者的命令窗口中输入消息，在按回车键后，在消费者窗口中即可看到该消息。

9.2.4　通过 Kafka 发送和接收消息的案例

刚才我们演示了以命令窗口的形式通过 Kafka 生产和消费消息的做法，这里我们则是通过 Java 代码发送和接收消息。

步骤01 新建一个名为 KafkaSimpleDemo 的 Java Maven 项目，在其中的 pom.xml 文件中引入 Kafka 依赖包，关键代码如下。

```
1    <dependency>
2        <groupId>org.apache.kafka</groupId>
3        <artifactId>kafka-clients</artifactId>
4        <version>0.10.1.1</version>
5    </dependency>
```

步骤02 在 MsgProducer.java 中实现发送消息的功能，代码如下。

```
1    //省略必要的 package 和 import 代码
2    public class MsgProducer {
3        public static void main(String[] args) throws Exception {
4            //用于存储和 kafka 通信相关的属性值
5            Properties properties = new Properties();
6        //指定消息 key 序列化方式
7        properties.put("key.serializer",
         "org.apache.kafka.common.serialization.StringSerializer");
8        //指定消息本身的序列化方式
9        properties.put("value.serializer",
         "org.apache.kafka.common.serialization.StringSerializer");
10       //设置消息的发送地址
11       properties.put("bootstrap.servers", "localhost:9092");
12       //键和值都是 String 类型
13       Producer<String, String> myProducer= new KafkaProducer<String,
         String>(properties);
14       try{
15        myProducer.send(new ProducerRecord<String, String>("myQueue",
         "msgKey", "Hello Kafka"));
16           System.out.println("Msg sent successfully");
17       }
18       catch(Exception e){
19        e.printStackTrace();
20       }
21       finally{
22        if(myProducer!= null){
23           myProducer.close();
```

```
24            }
25        properties.clear();
26        }
27     }
28  }
```

在上述代码的第 7~13 行，我们通过 properties 对象设置了生产消息的必要属性，包括消息键和值的序列化方式和发送地址。这里，由于消息的键和值都是 String 类型的，因此序列化的方式都是基于 String 的。

在完成设置属性后，我们通过第 15 行的 send 方法发送消息，通过该方法的第一个参数指定了消息的主题，通过第二个和第三个参数指定了消息的键和值。在第 21~26 行的 finally 从句中，我们关闭了用于发送消息的 myProducer 对象以及存放属性值的 properties 对象。

运行上述代码，即可向"myQueue"发送一条"Hello Kafka"的消息。

在下面的 MsgConsumer.java 代码中，我们将实现接收消息的功能，代码如下。

```
1   //省略必要的 package 和 import 代码
2   public class MsgConsumer {
3       public static void main(String[] args) {
4           Properties properties = new Properties();
5           //从这个地址接收消息，和生产者的一致
6           properties.put("bootstrap.servers", "localhost:9092");
7           //需要指定消费组
8           properties.put("group.id", "myKafka");
9           properties.put("key.deserializer",
                "org.apache.kafka.common.serialization.StringDeserializer");
10          properties.put("value.deserializer",
11  "org.apache.kafka.common.serialization.StringDeserializer");
12          KafkaConsumer<String, String> myConsumer =
                new KafkaConsumer<String, String>(properties);
13          myConsumer.subscribe(Collections.singletonList("myQueue"));
14          try {
15              ConsumerRecords<String, String> consumeRecords =
                    myConsumer.poll(1000);
16              for (ConsumerRecord<String, String> oneRecord :
                    consumeRecords){
17                  // print the key and value for the consumer records.
18                  System.out.printf("key is: " + oneRecord.key());
19                  System.out.printf("value is: " + oneRecord.value());  }
20          }
21          catch(Exception e){
22           e.printStackTrace();
23          }
24          finally{
25           if(myConsumer != null){
26               myConsumer.close();
27           }
28           properties.clear();
29          }
30      }
31  }
```

在接收消息时，我们需要通过第 8 行代码指定消息的消费者组，这里的消费者组和消息主题

不是一个概念。之后，我们通过第 9 行和第 10 行代码指定待接收消息键和值的序列化方式，这里也是基于 String 类型的。请注意，这里第 6 行指定接收消息的地址需要和生产者代码中的一致。

在第 12 行中，我们创建了一个消费者对象；在第 13 行中，我们让这个消费者对象从"myQueue"消息主题中订阅消息。这里的消息主题需要和之前发送消息的主题名一致。

在完成消息订阅后，我们通过第 15~19 行的代码，从消息主题中得到消息并输出到控制台上。同样的，在第 24 行的 finally 从句中，我们关闭了相关资源。

从这个案例中，我们能看到基于"订阅"模式的 Kafka 消息接收和发送的做法：消息生产者向消息主题中发送消息，而消费者则是通过上述第 13 行代码订阅（subscribe）消息主题，并通过第 15 行代码获取消息主题中的消息。

9.3　通过消息总线封装消息中间件

消息总线（Spring Cloud Bus）是 Spring Cloud 体系中用于实现模块间通信的一个微服务框架，它对消息中间件（比如 RabbitMQ 或 Kafka）做了层封装。在这部分的案例中，微服务系统中的消息是通过消息总线发送到各相应节点的，也就是说，消息总线对消息中间件做了层封装。

前面我们讲述了通过 Spring Cloud Config 组件从配置服务器（比如 Git 服务器）获取配置信息的做法，这里我们将通过消息总线实现"配置更改后能动态刷新"的效果。

9.3.1　基于 RabbitMQ 的消息总线案例

在 8.4 节讲述的 Spring 与 Eureka 整合的案例中，如果我们在 Git 服务器上更改了连接数据库的配置信息，那么可以在配置客户端发起 post 格式的 refresh 请求，以刷新该节点存储的配置信息的值。

在实际的项目中，出于提升可用性的考虑，我们往往把同一套服务部署在多台服务器上，如果我们逐一在每台机器上发起 post 格式的 refresh，效率未免过低，而且容易遗忘。在这种场景中，我们可以通过消息总线来实现动态刷新的功能，具体的框架如图 9.4 所示。

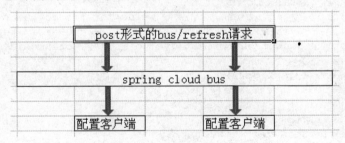

图 9.4　基于消息总线动态刷新的框架图

从图 9.4 中，我们能看到，由于 post 请求是带有 bus 前缀的，因此会发送到消息总线上；由于配置客户端与消息总线相连，因此 post 请求会通过消息总线发送到所有需要动态获取新值的配置客户端上。我们将在 8.4 节案例的基础上，通过如下改动实现基于 RabbitMQ 的消息总线的案例。

改动点 1：在 EurekaConfigClient 项目的 pom.xml 文件中增加 amqp 的依赖包。这是因为

RabbitMQ 是基于 amqp 协议的。

```
1    <dependency>
2        <groupId>org.springframework.cloud</groupId>
3        <artifactId>spring-cloud-starter-bus-amqp</artifactId>
4    </dependency>
```

改动点 2：在 application.yml 中增加如下针对 rabbitmq 的配置。

```
1    spring:
2      rabbitmq:
3        host: localhost
4        port: 5672
5        username: 你机器上 rabbitmq 的用户名
6        Password: 你机器上 rabitmq 的密码
```

上述配置需要和安装 rabbitmq 时设置的参数一致。

完成上述修改，启动 EurekaConfigServer 和 EurekaConfigClient 两个项目后，能在后者的控制台中看到/bus/refresh 的请求，如图 9.5 所示，请注意该请求是 post 格式的。

```
pointHandlerMapping    : Mapped "{[/loggers/{name:.*}],methods=[GE
pointHandlerMapping    : Mapped "{[/loggers/{name:.*}],methods=[PO
pointHandlerMapping    : Mapped "{[/loggers || /loggers.json],meth
pointHandlerMapping    : Mapped "{[/bus/env],methods=[POST]}" onto
pointHandlerMapping    : Mapped "{[/bus/refresh],methods=[POST]}"
```

图 9.5　启动配置客户端后能看到/bus/refresh 请求

随后，我们修改 Git 服务器上的配置后，可以用 postman 或 soapUI 等工具发送 post 格式的 http://localhost:8899/bus/refresh 请求，这样配置客户端即可从消息总线上得到该 post 请求并完成动态刷新的动作。

9.3.2　基于 Kafka 的消息总线案例

在 9.3.1 小节，消息总线是基于 RabbitMQ 的，我们可以通过如下修改实现基于 Kafka 的消息总线。

修改点 1：在 EurekaConfigClient 项目的 pom.xml 文件中增加 Kafka 的依赖包，代码如下。这样，该项目就能包含基于 Kafka 的消息总线了。

```
1    <dependency>
2        <groupId>org.springframework.cloud</groupId>
3        <artifactId>spring-cloud-starter-bus-kafka</artifactId>
4    </dependency>
```

修改点 2：在 application.yml 中引入针对 Kafka 的配置。同样，这需要和 Kafka 安装时的配置完全一致。

```
1    spring:
2      cloud:
3        Stream:
4          kafka:
```

```
5              binder:
6                 zk-nodes: localhost:2181
7                 brokers: localhost:9092
```

9.4 Spring Cloud Stream 组件的常见用法

在实际的项目中，Spring Cloud Stream 组件提供的便利：第一，开发者能通过绑定器（Binder）在相应模块间传递消息；第二，开发者能通过该组件提供的"发布订阅"模块用较小的代价定义针对具体业务场景的消息传递模块；第三，在一些类似观察者模式的场景中，开发者还能利用该组件提供的"消费组"实现"一条消息发送到多个接收模块"的效果。

9.4.1 实现基于 RabbitMQ 的案例

代码位置	视频位置
代码\第 9 章\SpringCloudStreamProducer 代码\第 9 章\SpringCloudStreamConsumer	视频\第 9 章\基于 RabbitMQ 的 SpringCloudStream 案例

在 SpringCloudStreamProducer 这个 Maven 项目中，我们可以通过如下步骤编写发送消息的功能。

步骤01 在 pom.xml 中引入 Spring Cloud Stream 的依赖包，它是基于 RabbitMQ 的，关键代码如下。

```
1        <dependency>
2            <groupId>org.springframework.cloud</groupId>
3            <artifactId>spring-cloud-starter-stream-rabbit</artifactId>
4        </dependency>
```

步骤02 在 ProducerApp 启动类中，通过第 3 行的@EnableBinding 注解绑定消息发送类是 MsgSender，同时指定消息是通过 Spring Cloud Stream 提供的 Source 接口发送的，代码如下。

```
1    //省略必要的 package 和 import 代码
2    @SpringBootApplication
3    @EnableBinding(value = {MsgSender.class, Source.class})
4    public class ProducerApp {
5        public static void main(String[] args) {
6                SpringApplication.run(ProducerApp.class, args);
7            }
8    }
```

步骤03 编写实现发送消息功能的 MsgSender 类，代码如下。

```
1    //省略必要的 package 和 import 代码
2    @EnableBinding(Source.class)
3    public class MsgSender {
4        //通过注解引入消息发送渠道
5        @Autowired
```

```
6        @Output(Source.OUTPUT)
7        private MessageChannel channel;
8        //发送消息的方法
9        public void send(String msg) {
10           channel.send(MessageBuilder.withPayload(msg).build());
11       }
12   }
```

其中，我们在第 7 行定义了发送消息的渠道对象，通过第 6 行的注解能看到该渠道其实就是 Source.OUTPUT 输出队列。

在第 9 行的 send 方法中，我们是通过第 10 行的 channel.send 方法实现发送消息功能的。请注意，这里我们无法直接创建消息，应当采用 MessageBuilder 类的 build 方法来创建消息。

步骤04 在 application.yml 中编写针对 Spring Cloud Stream 的配置，具体代码如下。

```
1    server:
2      port: 1111
3    spring:
4      application:
5        name: msgSender
6      rabbitmq:
7        host: localhost
8        port: 5672
9        username: 你机器上 rabbitmq 的用户名
10       password: 你机器上 rabbitmq 的密码
11     cloud:
12       stream:
13         bindings:
14           output:
15             destination: myChannel
```

在第 2 行的代码中，我们指定了该服务的工作端口是 1111；在第 6~10 行代码中，我们指定了 RabbitMQ 的配置参数，这和我们安装时的配置完全一致。在第 11~15 行代码中，我们指定了消息的发送队列名是 myChannel。

步骤05 在 Controller 控制器中，我们提供外部调用消息发送功能的接口，代码如下。

```
1    //省略必要的package 和 import 代码
2    @RestController
3    public class Controller {
4        @Autowired
5        private MsgSender msgSender;
6        @RequestMapping("/send/{msg}")
7        public void send(@PathVariable("msg") String msg){
8            msgSender.send(msg);
9        }
10   }
```

通过第 6 行的注解，我们能看到，/send/{msg}请求会触发第 7 行的 send 方法，而在该方法中，会通过第 8 行的代码，使用 msgSender.send 方法发送消息。

在 SpringCloudStreamConsumer 项目中，我们将开发接收消息的代码，具体步骤如下。

步骤01 同样在 pom.xml 中引入基于 RabbitMQ 的 Spring Cloud Stream 依赖包，这部分代码

和 SpringCloudStreamProducer 完全一致，所以就不再给出了。

步骤02 在启动类 ConsumerApp 中，我们也是通过@EnableBinding 注解指定消息接收类和消息接收渠道的，代码如下。

```
1    //省略必要的 package 和 import 代码
2    @SpringBootApplication
3    @EnableBinding(value = {MsgReceiver.class, Sink.class})
4    public class ConsumerApp {
5        public static void main(String[] args) {
6            SpringApplication.run(ConsumerApp.class, args);
7        }
8    }
```

通过第 3 行代码，我们能看到消息接收类是 MsgReceiver，这里采用了 Sink 默认的渠道来接收消息。

步骤03 开发消息接收类 MsgReceiver，代码如下。请注意，这里我们通过第 3 行的注解指定了消息接收渠道是 Sink.INPUT。

```
1    @EnableBinding(Sink.class)
2    public class MsgReceiver {
3        @StreamListener(Sink.INPUT)
4        public void receive(Message<String> message) {
5         System.out.println("The msg is:" +
JSONObject.toJSONString(message));
6        }
7    }
```

步骤04 在 application.yml 文件中指定接收消息的配置信息，代码如下。

```
1    server:
2      port: 2222
3    spring:
4      application:
5        name: MsgConsumer
6      cloud:
7        stream:
8          bindings:
9            input:
10             destination: myChannel
```

其中，我们通过第 6~10 行代码指定是从 myChannel 队列中接收消息的。

在上述消息发送模块里，我们用到了 Spring Cloud Stream 框架提供的 Source 接口，它的底层实现代码如下。

```
1    public interface Source {
2      String OUTPUT = "output";
3      @Output(Source.OUTPUT)
4      MessageChannel output();
5    }
```

也就是说，我们通过@ EnableBinding 注解引入该接口，即可使用 Source 接口提供的 output 输出队列，具体而言，消息会通过 output 发送到消息中间件。

同样的，在接收模块中，我们使用了 Sink 接口，它也是 Spring Cloud Stream 提供的，它的底层实现代码如下。

```
1    public interface Sink {
2        String INPUT = "input";
3        @Input(Sink.INPUT)
4        SubscribableChannel input();
5    }
```

在接收模块中，通过 Sink 接口中的 input 队列连接到消息中间件，由此接收消息。

至此，我们完成了发送和接收消息的代码。依次启动这两个项目，并在浏览器中输入 "localhost:1111/send/hello"，就可以在 SpringCloudStreamConsumer 项目的控制台中看到如下输出。这说明，我们通过 Spring Cloud Stream 组件成功地实现了两个模块之间的消息传递。

```
The msg
is:{"headers":{"amqp_receivedDeliveryMode":"PERSISTENT","amqp_receivedRoutingK
ey":"myChannel","amqp_receivedExchange":"myChannel","amqp_deliveryTag":1,"amqp
_consumerQueue":"myChannel.anonymous.pCHDPcc5Qsa7JvioJ-Q6rg","amqp_redelivered
":false,"id":"5f0d2c08-51e7-a004-b6bd-8ec961611ef9","amqp_consumerTag":"amq.ct
ag-x25NfIMvVXLZVYWb1IwJTA","contentType":"text/plain","timestamp":153601686223
4},"payload":"hello"}
```

9.4.2 通过更换绑定器变更消息中间件

在 9.4.1 小节的案例中，我们通过绑定器在 Spring Cloud Stream 框架中连接上了 RabbitMQ，随后两个项目是通过 Sink.Input 和 Source.Output 两个渠道连接上 myChannel 队列的，以此实现了通信的效果，具体的结构如图 9.6 所示。

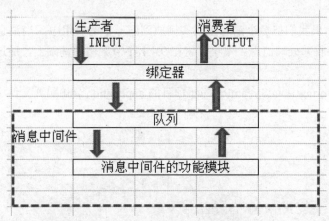

图 9.6 Spring Cloud Stream 框架消息发送示意图

从图 9.6 中，我们能够看到，Spring Cloud 体系中的模块（比如生产者和消费者模块）并不是直接和消息中间件（比如 RabbitMQ）交互的，而是通过绑定器，换句话说，绑定器向功能模块屏蔽掉了不同消息中间件的差异，使得功能模块能关注于业务本身，而无须关注消息发送的细节。

正因为引入了绑定器，我们可以用较小的代价用 Kafka 这个消息中间件替换掉 RabbitMQ，通过变更绑定器来实现。

改动点 1：在生产者和消费者两个项目的 pom.xml 中，用 Kafka 的依赖包替换掉 RabbitMQ 的依赖包，关键代码如下。

```
1   <dependency>
2           <groupId>org.springframework.cloud</groupId>
3           <artifactId>spring-cloud-starter-stream-kafka</artifactId>
4       </dependency>
```

改动点 2：在生产者项目的配置文件中，去掉关于 RabbitMQ 的相关配置，加入如下 Kafka 的配置信息，关键代码如下。

为了节省篇幅，这里给出 properties 格式的配置，大家可以自行转换成 yml 格式的，这些参数需要和安装 Kafka 时的配置一致。

```
1   spring.cloud.stream.kafka.binder.brokers=localhost:9092
2   spring.cloud.stream.kafka.binder.zk-nodes=localhost:2182
3   spring.cloud.stream.bindings.output.destination=myChannel
```

改动点 3：在消费者项目的配置文件中，也是用 Kafka 的配置替换掉原来 RabbitMQ 的，关键代码如下。

```
1   spring.cloud.stream.kafka.binder.brokers=localhost:9092
2   spring.cloud.stream.kafka.binder.zk-nodes=localhost:2182
3   spring.cloud.stream.bindings.input.destination=myChannel
```

和生产者项目的配置文件相比，差别在第 3 行，这里是定义 input 的队列，而生产者项目中定义的是 output 的队列。

9.4.3 消费组案例演示

在前文提到，如果我们把多个消息接收实例放到同一个消费组中，当消息到达时，该消息组中只会有一个实例接收并处理消息。本小节将在 9.4.1 小节案例的基础上，通过如下修改实现消息组的效果。

修改点一：在 SpringCloudStreamProduct 项目的 application.yml 配置文件中增加关于消费组的配置，关键代码如下。

```
1   spring:
2     cloud:
3       stream:
4         bindings:
5           input:
6             group: myChannelGroup
7             destination: myChannel
```

通过第 6 行代码指定了该消息接收实例所在的分组是 myChannelGroup，通过第 7 行代码指定了该实例是从 myChannel 队列上接收消息的，这是因为在 SpringCloudStreamProducer 消息发送实例中，也是向 myChannel 队列发送消息的。

修改点二：新建名为 SpringCloudStreamConsumerSameGroup 的 Maven 项目，该项目的 pom.xml 文件以及所有 Java 类均和 SpringCloudStreamConsumer 项目一样，唯一的差别是 application.yml 文

件，该配置文件的代码如下。

```
1    server:
2      port: 2233
3    spring:
4      application:
5        name: MsgConsumerSameGroup
6      cloud:
7        stream:
8          bindings:
9            input:
10             group: myChannelGroup
11             destination: myChannel
```

在第 2 行中，我们更改该项目的工作端口为 2233，在第 5 行中，更改项目的名字，其他部分的代码和 SpringCloudStreamConsumer 项目一致，该消息接收实例的分组同样是 myChannelGroup，同样是从 myChannel 队列中获得消息的。

完成上述改动后，依次启动 SpringCloudStreamProduct、SpringCloudStreamConsumer 和 SpringCloudStreamConsumerSameGroup 三个项目，并在浏览器中多次输入"http://localhost:1111/send/hello"。此时，我们会发现每次发送的消息不会同时出现在两个接收实例的控制台中，每次只会出现在一个接收实例中。

9.4.4　消息分区实例演示

在刚才给出的消息组的案例中，被编在同一个组内的消息接收实例是以轮询的方式接收并处理消息的。但在一些场景中，我们需要让具备某种属性的消息一直被同一个消息实例来处理，这时我们就可以通过消息分区来实现这个效果。

而且，在之前的案例中，我们在不同的模块间是传送一个字符串，在大多数场景中，我们需要传输自定义的类型，在这个案例中，同样将演示这一效果。这部分代码是根据 9.4.3 小节的案例改写而成的。

修改点一：在 SpringCloudStreamProducer 项目的 MsgSender 类中新增一个 sendAccount 方法，代码如下。

```
1    //省略必要的package和import代码
2    @EnableBinding(Source.class)
3    public class MsgSender {
4        @Autowired
5        @Output(Source.OUTPUT)
6        private MessageChannel channel;
7        public void send(String msg) {
8            channel.send(MessageBuilder.withPayload(msg).build());
9        }
10       public void sendAccount(Account account) {
11           channel.send(MessageBuilder.withPayload(account).build());
12       }
13   }
```

在第 10~12 行代码的 sendAccount 方法中，我们将传输由参数传入的 Account 对象。Account

类的定义如下，其中包含 id 和 name 属性。

```
1   public class Account implements Serializable {
2        private int id;
3     private String name;
4     //省略对应的 get 和 set 方法
5   }
```

修改点二：在 SpringCloudStreamProducer 项目的控制器类 Controller.java 中新增 sendAccount 方法，通过调用该方法，用户能实现发送 Account 类型对象的效果。

```
1   @RequestMapping("/sendAccount")
2    public void sendAccount(){
3        //创建一个 id 是 1 的 Account 类型的对象
4        Account  acc = new Account();
5        acc.setId(1);
6        acc.setName("Peter");
7        //发送该对象
8     msgSender.sendAccount(acc);
9     }
```

修改点三：在 SpringCloudStreamProducer 项目的 application.yml 文件中配置关于消息分区的参数，关键代码如下。

```
1   spring:
2     cloud:
3       stream:
4         bindings:
5           output:
6             destination: myChannel
7             content-type: application/json
8             producer:
9               partitionKeyExpression: payload.id
10              partitionCount: 2
```

由于本次我们将要传输自定义类型的 Account 对象，因此需要在第 7 行中设置传输格式。在第 9 行中，我们设置了将根据 payload.id 进行分组，由于 payload 是 Account 类型的，而传输的 Account 对象的 id 是 1，因此该消息将始终被索引号是 1 的消费实例接收并处理。在第 10 行中，指定了该消息分区中的实例数是 2。

修改点四：在 SpringCloudStreamConsumer 和 SpringCloudStreamConsumerSameGroup 两个消息接收实例项目的 MsgReceiver 类中新增一个接收并处理 Account 类型对象的 receiveAccount 方法，代码如下。

```
1   @StreamListener(Sink.INPUT)
2    public void receiveAccount(Message<Account> message) {
3        System.out.println("The account msg is:" +
         message.getPayload().getName());
4     }
```

该方法同样是从 Sink.INPUT 中得到消息的，由于传来的消息是 Account 类型的，因此该方法的参数是 Message<Account>类型的，在该方法的第 3 行中，我们输出了该 Account 类型对象的 name。

同样，我们需要在这两个消息接收实例的项目中增加关于 Account 类的定义，该类的代码和

SpringCloudStreamProducer 项目中的完全一致。

修改点五：在 SpringCloudStreamConsumer 项目的 application.yml 文件中增加关于消息分区的配置，关键代码如下。

```
1   spring:
2    cloud:
3     stream:
4      bindings:
5       input:
6        group: myChannelGroup
7        destination: myChannel
8        consumer:
9         partitioned: true
10       instanceCount: 2
11       instanceIndex: 1
```

其中，在第 9 行中开启了消息分区模式；在第 10 行中指定了该消息分区中实例的数量是 2，这需要和在消息生产者项目中的数量一致；在第 11 行指定了 SpringCloudStreamConsumer 消息接收实例在消息分区中的索引号是 1。

修改点六：在 SpringCloudStreamConsumerSameGroup 项目的 application.yml 文件中，依照上述修改点五设置关于消息分区的配置，但需要把其中的 instanceIndex 改成 0。

依次启动上述三个项目，然后在浏览器中多次输入"http://localhost:1111/sendAccount"。

我们能发现，该消息始终会被 SpringCloudStreamConsumer 处理。这是因为，在生产者实例的 application.yml 文件中，我们通过 partitionKeyExpression 指定了配送消息的规则是 payload.id，所以我们只会在索引号（instanceIndex）是 1 的 SpringCloudStreamConsumer 实例的控制台中看到定义在 receiveAccount 方法中的输出结果。

9.5　本　章　小　结

本章首先通过消息中间件实现了在模块间相互通信的功能，由此向大家展示了消息总线技术在项目中的常见用法，并在此基础上通过案例讲述了消息驱动框架在微服务体系中的作用。

在架构师这个层面上，我们需要关注微服务体系中的消息发送和存储的模式，以及通过消息机制整合诸多模块的架构，而不是消息发送的底层实现。本章在讲述消息机制和消息框架时，也是围绕架构师层面的需求来讲解的，请大家在阅读本章时务必着重体会这点。

第10章

微服务健康检查与服务跟踪

当基于 Spring Cloud 的微服务上线后，我们可以通过 Spring Boot Admin 组件监控系统的健康情况，同时还可以使用邮件报警机制。而且，系统运行时难免会出现问题，所以在微服务系统的运行过程中，我们可以通过 Sleuth 服务跟踪组件输出各服务之间的调用关系，这样一旦出现了问题，我们就能很快地定位和排查。

我们能够通过 Sleuth 输出所有系统的运行日志，如果单纯通过人工的方式提取出我们感兴趣的内容，工作量可能会非常大，这时我们就可以整合 Zipkin 组件，这样不仅可以直观地查看整个调用链路的信息，而且可以把调用信息存储到数据库，以便事后查询。

10.1　通过 Spring Boot Admin 监控微服务

在第 1 章中，我们分析了通过 Actuator 监控微服务运行情况的一般做法，通过调用 Actuatorde 接口，我们可以看到虚拟机内存、线程以及类加载的事实指标。

通过 Spring Boot Admin，我们可以用图形化的形式更直观地看到微服务系统运行时的各项指标，从而能更有效、快速地发现并解决问题。

10.1.1　监控单个服务

代码位置	视频位置
代码\第十章\SpringCloudAdminDemo 代码\第十章\SpringCloudAdminClient	视频\第十章\监控单个服务

下面将演示通过 Spring Boot Admin 监控单个应用，在 SpringCloudAdminDemo 项目中引入服

务端的代码，具体的开发步骤如下。

步骤01 创建 Maven 项目，并在 pom.xml 中引入 Spring Cloud Admin 服务端和图形界面相关的依赖包，关键代码如下。

```
1       <dependency>
2               <groupId>de.codecentric</groupId>
3               <artifactId>spring-boot-admin-server</artifactId>
4               <version>1.5.7</version>
5       </dependency>
6       <dependency>
7               <groupId>de.codecentric</groupId>
8               <artifactId>spring-boot-admin-server-ui</artifactId>
9               <version>1.5.7</version>
10      </dependency>
```

步骤02 在 application.yml 中指定该项目的工作端口为 9000，代码如下。

```
1    server:
2      port: 9000
```

步骤03 在启动类 App.java 中，通过@EnableAdminServer 注解指定该项目是 Admin 服务端，代码如下。

```
1    //省略必要的 package 和 import 代码
2    @EnableAutoConfiguration
3    @EnableAdminServer
4    public class App{
5       public static void main( String[] args ){
6        SpringApplication.run(App.class, args);
7       }
8    }
```

启动该项目，并在浏览器中输入 localhost:9000，能够看到 Spring Boot Admin 的界面如图 10.1 所示。从界面上我们能够看到，尚未有可监控的项目。

图 10.1　Spring Boot Admin 图像化界面的效果图

为了演示 Spring Boot Admin 监控具体微服务的效果，我们需要开发客户端的代码，具体的步骤如下。

步骤01 创建名为 SpringCloudAdminClient 的 Maven 项目，并在 pom.xml 中引入 Spring Boot Admin 客户端的依赖包，关键代码如下。

```
1        <dependency>
2            <groupId>de.codecentric</groupId>
3            <artifactId>spring-boot-admin-starter-client</artifactId>
4            <version>1.5.7</version>
5        </dependency>
```

步骤02 在 application.yml 中指定该客户端项目的工作端口为 9020，并指定该客户端所对应的服务端 url 为 http://localhost:9000，代码如下。

```
1    server:
2      port: 9020
3    spring:
4      boot:
5        admin:
6          url: http://localhost:9000
7    management:
8      security:
9        enabled: false
```

通过第 7~9 行代码，我们指定了访问该项目时无须安全验证。这样，我们在后面 localhost:9000 看到的 Spring Boot Admin 图形化监控界面中，就能在无须进行安全验证的情况下看到该项目的运行状态。

步骤03 编写客户端的启动类，代码如下。

```
1    //省略必要的package 和 import 代码
2    @SpringBootApplication
3    public class ClientApp{
4        public static void main( String[] args ){
5          SpringApplication.run(ClientApp.class, args);
6        }
7    }
```

从上述代码的第 2 行注解中，我们能看到该客户端其实是一个 Spring Boot 的应用程序。在其中，我们可以通过@Controller 等的注解定义对外的服务，但这里我们是为了演示 Spring Boot Admin 的监控效果，所以仅给出一个启动类。

启动 SpringCloudAdminDemo 和 SpringCloudAdminClient 两个项目后，再次在浏览器中输入 localhost:9000，此时我们就能看到针对 SpringCloudAdminClient 微服务的监控效果，如图 10.2 所示。

图 10.2　包含监控效果的 Spring Cloud Admin 效果图

从图 10.2 中，我们能够看到 SpringCloudAdminClient 服务处于"UP"（可用）状态，单击"Details"
按钮，还能监控到该项目详细的运行期参数，比如内存使用量和在虚拟机中运行的类的数量等，如
图 10.3 所示。

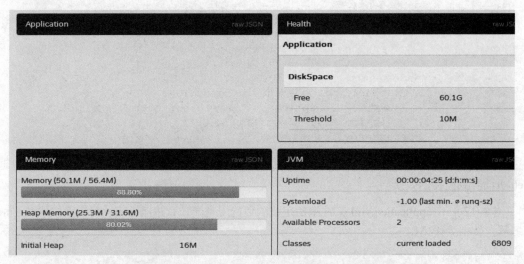

图 10.3　通过 Spring Boot Admin 监控到的详细信息

其实，通过 Actuator 接口，我们还能看到如图 10.3 所示的各项运行期指标，但就没 Spring Boot
Admin 直观和方便了。

10.1.2　与 Eureka 的整合

从上文中我们能看到，为了能让 Spring Boot Admin 服务端监控到，我们需要把待监控的项目
设置成 Spring Cloud Admin 的客户端。

事实上，在大多数实际项目中，我们是通过 Eureka 来管理各微服务组件的。在这类场景中，
我们只需要把 Spring Cloud Admin 服务端和 Eureka 服务端关联上，注册到该 Eureka 服务器的所有
微服务即可自动地被 Spring Boot Admin 服务器监控，而且该 Eureka 服务端也能被监控。

本小节的案例将包含如下三个项目，其中，EurekaServerAdmin 是 Spring Cloud Admin 的服务
端，它将和 EurekaServerWithAdmin 这个 Eureka 服务器相关联，而 EurekaClientWithAdmin 则是注
册到 Eureka 服务器的 Eureka 客户端。

代码位置	视频位置
代码\第 10 章\EurekaServerAdmin	
代码\第 10 章\EurekaServerWithAdmin	视频\第 10 章\Spring Boot Admin 与 Eureka 的整合
代码\第 10 章\EurekaClientWithAdmin	

1. 搭建 Spring Cloud Admin 服务端

我们可以通过如下关键步骤搭建 Spring Cloud Admin 的服务端。

步骤01 在 pom.xml 中引入 Eureka 和 Spring Cloud Admin 的依赖包，关键代码如下。

```
1   <dependency>
2           <groupId>org.springframework.cloud</groupId>
3           <artifactId>spring-cloud-starter-eureka</artifactId>
4   </dependency>
5   <dependency>
6           <groupId>de.codecentric</groupId>
7           <artifactId>spring-boot-admin-server</artifactId>
8           <version>1.5.7</version>
9   </dependency>
10  <dependency>
11          <groupId>de.codecentric</groupId>
12          <artifactId>spring-boot-admin-server-ui</artifactId>
13          <version>1.5.7</version>
14  </dependency>
```

在上述代码的第 10~13 行中，我们还引入了关于 Admin 界面的依赖包，这样我们就可以通过
Web 页面看到监控的效果。

步骤02 在 application.yml 文件中指定该项目的服务端口，并指定该项目需要关联到 Eureka
服务器上，相关代码如下。

```
1   server:
2     port: 9000
3   spring:
4     application:
5       name: admin-server
6   eureka:
7     client:
8       serviceUrl:
9         defaultZone: http://localhost:8888/eureka/
10  management:
11    security:
12      enabled: false
```

其中，通过第 2 行代码指定了该项目工作在 9000 端口，通过第 9 行代码指定了该项目会注册
到 http://localhost:8888/eureka/这个 Eureka 的服务器上。

步骤03 编写启动类 AdminServerApp.java，关键代码如下。通过第 3 行的
@EnableAdminServer 注解，我们指定了该项目承担着 Spring Cloud Admin 服务器的角色。

```
1   //省略必要的 package 和 import 代码
2   @EnableAutoConfiguration
3   @EnableAdminServer
4   public class AdminServerApp {
5      public static void main( String[] args )   {
6       SpringApplication.run(AdminServerApp.class, args);
7      }
8   }
```

2. 搭建 Eureka 服务端

第 1 部分构建的 Spring Cloud Admin 服务端是向这里搭建的 Eureka 服务端注册的，这部分代
码的关键点如下。

关键点 1：在 pom.xml 中引入 Eureka 服务器的依赖包，关键代码如下。

```
1  <dependency>
2      <groupId>org.springframework.cloud</groupId>
3      <artifactId>spring-cloud-starter-eureka-server</artifactId>
4  </dependency>
```

关键点 2：在 application.yml 中设置针对 Eureka 服务器端的配置，代码如下。

```
1  server:
2    port: 8888
3  spring:
4    application:
5      name: eurekaServer
6  eureka:
7    client:
8      serviceUrl:
9        defaultZone: http://localhost:8888/eureka/
10 management:
11   security:
12     enabled: false
```

从第 2 行代码中，我们能看到该服务是运行在 8888 端口上的；通过第 9 行代码，我们能看到该 Eureka 服务器的注册路径 url。在第 1 部分中，Spring Cloud Admin 也是向这个路径注册的。

关键点 3：编写启动类 ServerApp.java，这部分知识点我们在讲解 Eureka 的时候讲过，所以这里只给出代码，不做讲解。

```
1  @SpringBootApplication
2  @EnableEurekaServer
3  public class ServerApp {
4      public static void main(String[] args) {
5              SpringApplication.run(ServerApp.class, args);
6      }
7  }
```

在上述 Eureka 服务器的代码中，我们没看到任何与 Spring Cloud Admin 相关联的代码。事实上，我们在整合 Spring Cloud Admin 和 Eureka 时，只需要把 Spring Cloud Admin 端注册到 Eureka 服务端接口。

3．引入 Eureka 客户端

在这部分的 EurekaClientWithAdmin 项目中，我们将提供一个输出 "hello" +用户名的方法。这部分代码和之前 Eureka 部分的代码很相似，所以请大家在本书附带的代码中自行阅读，这里就不给出详细的代码了。但请大家注意，在 Eureka 客户端，我们同样没有引入和 Spring Cloud Admin 相关的代码。

4．查看运行结果

由于 Spring Cloud Admin 是注册到 Eureka 服务端的，因此这里请大家先启动 Eureka 服务端 EurekaServerWithAdmin，在此基础上再启动 Spring Cloud Admin 服务端 EurekaServerAdmin 和 Eureka 客户端 EurekaClientWithAdmin。

启动完成后，在浏览器中输入 "http://localhost:9000/"，我们能看到通过 Spring Cloud Admin

监控的所有微服务，如图 10.4 所示。

图 10.4　Spring Cloud Admin 与 Eureka 整合后的监控效果图

虽然在 Eureka 的服务端和客户端我们都没加入与 Spring Cloud Admin 相关的代码，但在图 10.4 中，我们还是能看到上述两个微服务被监控的效果，同样，单击右边的"Details"按钮，我们还能看到关于该微服务的详细信息。

事实上，在这个演示案例中，我们只向 Eureka 服务端注册了一个服务，如果我们注册多个服务，那么这些被注册的服务同样会被 Spring Cloud Admin 监控到。

10.1.3　设置报警邮件

前面我们实现了基于 Spring Cloud Admin 图形化监控的效果。但作为系统维护人员，不可能一直盯着屏幕，最好是当待监控的微服务宕机时，能收到报警邮件。下面我们来讲相关的实现方法。

第一步，在 Spring Cloud Admin 的服务器端（即 EurekaServerAdmin 项目的 pom.xml 中）添加关于邮件的依赖包，关键代码如下。

```
1  <dependency>
2          <groupId>org.springframework.boot</groupId>
3          <artifactId>spring-boot-starter-mail</artifactId>
4          <version>1.5.9.RELEASE</version>
5  </dependency>
```

第二步，还是在 Spring Cloud Admin 的服务器端，在 application.yml 配置文件中增加和报警邮件相关的设置，相关代码如下。

```
1   spring:
2    mail:
3      host: smtp.163.com
4      username: hsm_computer # change to your username
5      password: change to your pwd
6      properties:
7       mail:
8         smtp:
9           auth: true
10          starttls:
11            enable: true
12            required: true
13   boot:
```

```
14        admin:
15          notify:
16            mail:
17              from: hsm_computer@163.com
18              to: hsm_computer@163.com
```

其中，在第 3~5 行设置了邮件发送者的主机、用户名和密码，这里作者给出了用户名，隐去了密码，大家在实践时需要做相应的改动。而在第 17 行和第 18 行中设置了邮件的发送方和接收方。

编写完成并重启相关的服务后，大家可以故意下线待监控的服务（比如 Eureka 服务端），这时就能看到如图 10.5 所示的警告邮件。

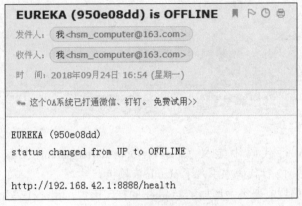

图 10.5　报警邮件的效果图

10.2　通过 Sleuth 组件跟踪服务调用链路

在 Spring Cloud 组件体系中，Sleuth 组件提供了针对服务跟踪的解决方案。通过该组件，我们能够看到服务调用链路的相关日志，从而能在问题发生时快速地定位到问题点。

不过，Sleuth 一般是向控制台（或文件等其他介质）输入日志信息，由于在微服务系统中，日志信息量很大，因此在实际应用中，我们往往会把 Sleuth 与数据分析组件（如 Zipkin）整合使用，以求更高效地排查问题。

10.2.1　基于 Sleuth 案例的总体说明

本小节是根据第 3 章中的 Eureka 的相关案例改编而成的。

代码位置	视频位置
代码\第 10 章\EurekaServerForSleuth	
代码\第 10 章\EurekaServiceProviderForSleuth	视频\第 10 章\Sleuth 案例说明
代码\第 10 章\EurekaServiceCallerForSleuth	

其中，EurekaServerForSleuth 承担着 Eureka 服务器的角色，它是根据 EurekaBasicDemo-Server 改编而成的，除了项目名之外，其他没有改变。特别是，在这个项目中没有引入 Sleuth 组件。

10.2.2 关于服务提供者案例的说明

EurekaServiceProviderForSleuth 项目是根据 EurekaBasicDemo-ServiceProvider 改编而成的，它有如下改动点。

改动点 1：在 pom.xml 中引入了针对 Sleuth 组件的依赖包，关键代码如下。

```
1    <parent>
2            <groupId>org.springframework.boot</groupId>
3            <artifactId>spring-boot-starter-parent</artifactId>
4            <version>1.3.8.RELEASE</version>
5            <relativePath/>
6      </parent>
7    <dependencies>
8       //省略其他关于 Spring cloud 等的依赖包
9         <dependency>
10            <groupId>org.springframework.cloud</groupId>
11            <artifactId>spring-cloud-starter-sleuth</artifactId>
12        </dependency>
13     </dependencies>
```

其中，在第 1~6 行代码中定义了 spring-boot-starter-parent 父级依赖包的版本号是 1.3.8.RELEASE，在第 9~12 行代码中引入了 sleuth 依赖包。

改动点 2：在服务的控制器类中增加了 Logger 的打印语句，相关代码如下。

```
1    //省略必要的 package 和 import 的代码
2    @RestController
3    public class Controller {
4    //定义 logger 打印类
5        private final Logger logger = Logger.getLogger(getClass());
6        @RequestMapping(value = "/hello/{username}", method =
         RequestMethod.GET )
7        public String hello(@PathVariable("username") String username) {

8            logger.info("Starting provide hello function.");
9            return "hello " + username;
10       }
11   }
```

在第 7 行的 hello 方法中，我们在第 8 行中输出了一段话，运行时，我们能从中看到 Sleuth 组件的痕迹。

10.2.3 关于服务调用者案例的说明

EurekaServiceCallerForSleuth 是根据 EurekaBasicDemo-ServiceCaller 项目改编而成的，我们需要在它的 pom.xml 文件中引入 Sleuth 依赖包，该项目的 pom.xml 和 EurekaServiceProviderForSleuth 很类似，只是改了项目名，所以就不再详细分析了，大家可以在本书附带的代码中看到详细内容。

同样，我们改写了控制器类中的服务调用的代码，在其中也加入了 Logger 的打印语句，相关代码如下。

```
1   //省略必要的 package 和 import 代码
2   @RestController
3   @Configuration
4   public class Controller {
5   //定义打印类
6       private final Logger logger = Logger.getLogger(getClass());
7       @Bean
8       @LoadBalanced public RestTemplate getRestTemplate(){
9           return new RestTemplate();
10  }
11      @RequestMapping(value = "/hello", method = RequestMethod.GET  )
12      public String hello() {
13          logger.info("Starting caller hello function.");
14          RestTemplate template = getRestTemplate();
15          String retVal = template.getForEntity("http://sayHello/
            hello/Eureka", String.class).getBody();
16          return "In Caller, " + retVal;
17      }
18  }
```

在第 12 行的 hello 方法中，我们在第 13 行通过 logger.info 输出了一段话。请注意，我们同样能在这里看到 Sleuth 的效果。

10.2.4 通过运行效果了解 Sleuth 组件

在上文中，我们只给出了三个项目和第 3 章项目的差别，本书的附带代码中给出了上述三个项目的完整代码。上述三个项目的调用关系是，EurekaServiceCallerForSleuth 项目中的 hello 方法会调用 EurekaServiceProviderForSleuth 项目中的同名方法。

我们依次启动上述三个项目，并在浏览器中输入"http://localhost:8080/hello"，将会触发 EurekaServiceCallerForSleuth 项目中的 hello 方法。

在 EurekaServiceCallerForSleuth 项目的控制台中，我们能看到如下输出。

```
1   2018-09-24 21:36:23.048  INFO
2   [callHello,eab79ef226db8d44,a3480472ff85c2b2,false] 17480 ---
3   [nio-8080-exec-8] troller$$EnhancerBySpringCGLIB$$64a08723 :
4   Starting caller hello function.
```

上述输出其实是在一行里的，我们只是为了分析方便，所以把它分成 4 行。

在第 2 行的方括号中，有 4 个参数，其中第一个参数是项目名，这和我们定义在 application.yml 中的 spring.application.name 值一致；第二个参数是 Sleuth 提供的 TraceID，即链路名；第三个参数是 Sleuth 提供的 SpanID，表示调用名；第四个参数表示该句日志是否会被 Zipkin 等服务收集并分析，这里是 false。至于其他几行输出的日志，和 Sleuth 组件无关。

我们再来看 EurekaServiceProviderForSleuth 项目控制台中的相关日志，同样，它也是输出在一行中的，为了讲解方便，我们把它分成了 4 行。

```
1   2018-09-24 21:36:23.048  INFO
2   [sayHello,eab79ef226db8d44,d6fe73695ab24d85,false] 4376 ---
3   [nio-1111-exec-5] com.controller.Controller            : Starting
4   provide hello function.
```

我们能够看到，第 2 行中第 2 个参数（即 TraceID）和 EurekaServiceCallerForSleuth 中的一致，说明这两个输出语句所在的方法是处在同一个调用链路上的，这非常符合我们事先了解到的调用链路关系，即 EurekaServiceCallerForSleuth 的 hello 方法会调用 EurekaServiceProviderForSleuth 项目中的同名方法。

10.2.5　通过 Sleuth 组件分析问题的一般方法

上述案例给出了 Sleuth 组件输出的一般形式，在实际的项目中，通过 Sleuth 组件，我们一般会采用如下步骤来分析问题。

第一，根据第二个参数 TraceID，我们能找到同一条调用链路。
第二，根据输出时间的先后，我们能列出同一条调用链路中的先后调用关系。
第三，根据 logger 输出的提示，我们能看到每个调用链路节点上的关键信息。

根据上述三步，我们一般就可以排查出具体的问题。但在实际项目中，输出的日志非常多，如果用人工的方式来排查，效率就会很低，而且工作量很大。为了提升性能，我们一般会把 Sleuth 组件整合 Zipkin 等数据收集和展示组件。

10.3　整合 Zipkin 查询和分析日志

Zipkin 是一个开源的分布式实时数据追踪组件，它可以用来收集来自各异构系统的监控数据，并以图表的方式向用户展示，以便用户从整个调用链路的角度排查和分析分布式系统中的问题。

这里，我们将把 Sleuth 日志发送给 Zipkin，并通过 Zipkin 界面查看整个基于微服务的调用链路关系。

10.3.1　搭建 Zipkin 服务器

代码位置	视频位置
代码\第 10 章\SleuthZipkinServer	视频\第 10 章\搭建 Zipkin 服务

在基于 Maven 的 SleuthZipkinServer 项目中，我们将按如下步骤搭建 Zipkin 服务器。

步骤01 在 pom.xml 中引入 Zipkin 服务器组件和 Zipkin 图形界面组件的依赖包，关键代码如下。其中，通过前 4 行代码引入 Zipkin 服务器组件的依赖包，通过后 4 行代码引入 Zipkin 图形界面组件的依赖包。

```
1    <dependency>
2            <groupId>io.zipkin.java</groupId>
3            <artifactId>zipkin-server</artifactId>
4    </dependency>
5    <dependency>
6            <groupId>io.zipkin.java</groupId>
```

```
7              <artifactId>zipkin-autoconfigure-ui</artifactId>
8         </dependency>
```

步骤02 编写 Zipkin 服务器的启动类 ZipkinServerApp.java，代码如下。

```
1    //省略必要的 package 和 import 代码
2    @SpringBootApplication
3    @EnableZipkinServer
4    public class ZipkinServerApp {
5        public static void main( String[] args )    {
6         SpringApplication.run(ZipkinServerApp.class, args);
7        }
8    }
```

在第 3 行中，我们通过引入@EnableZipkinServer 注解来说明该启动类是 Zipkin 服务器。

步骤03 在 application.yml 中指定该项目的配置信息，代码如下。

```
1    server:
2      port: 9411
3    spring:
4      application:
5        name: SleuthZipkinServer
```

其中，通过前两行代码定义了 Zipkin 服务器的工作端口是 9411，通过第 3~5 行代码定义了该项目的名字。

完成上述步骤后，我们可以通过 ZipkinServerApp.java 启动 Zipkin 服务器。启动完成后，如果在浏览器中输入"http://localhost:9411"，就能看到如图 10.6 所示的 Zipkin 界面。

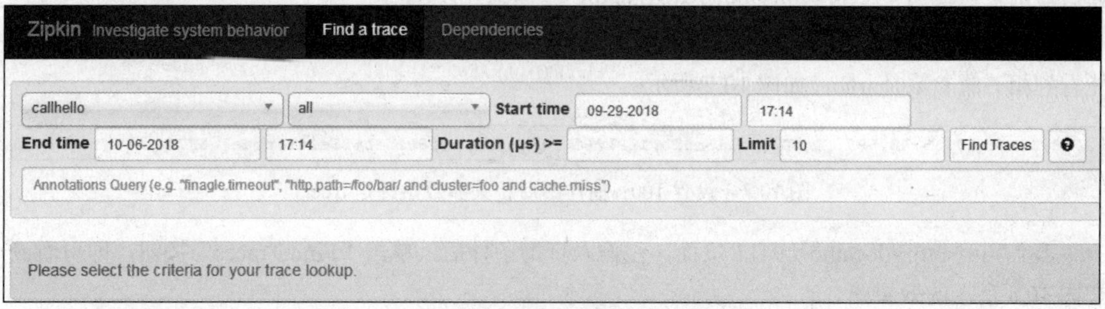

图 10.6　Zipkin 界面效果图

10.3.2　从 Zipkin 图表上查看 Sleuth 发来的日志

这里，我们将改写 10.2 节的 EurekaServiceProviderForSleuth 和 EurekaServiceCallerForSleuth，把这两个项目中 Sleuth 收集到的日志信息发送给 Zipkin。具体的修改点如下。

修改点 1：在这两个项目的 pom.xml 文件中添加针对 sleuth 整合 zipkin 的依赖包，关键代码如下。

```
1        <dependency>
2            <groupId>org.springframework.cloud</groupId>
3            <artifactId>spring-cloud-sleuth-zipkin</artifactId>
4        </dependency>
```

修改点 2：在这两个项目的 application.yml 文件中添加如下代码，以实现两个目的。

```
1    spring:
2      zipkin:
3        base-url: http://localhost:9411
4      sleuth:
5        sampler:
6          percentage: 1
```

通过第 1~3 行代码，我们指定了在这两个项目中，把基于 Sleuth 的日志发送到前文定义好的 Zipkin 服务器的路径上。通过第 4~6 行代码，我们指定了把 100%的日志（即所有的日志）发送到 Zipkin 服务端。

我们以之前分析过的基于 Sleuth 的日志为例，在第 4 行中，第 4 个参数表示该日志是否会被 Zipkin 收集。

```
1    2018-09-24 21:36:23.048  INFO
2    [callHello,eab79ef226db8d44,a3480472ff85c2b2,false] 17480 ---
3    [nio-8080-exec-8] troller$$EnhancerBySpringCGLIB$$64a08723 :
4    Starting caller hello function.
```

这里涉及一个"抽样率"，我们可以通过 sleuth.sampler.percentage 定义抽样率，默认是 10%，即 0.1。这里我们为了演示方便，定义了抽样率是 100%，也就是说所有的日志都会被发送到 Zipkin 服务器端。

完成上述改动后，我们依次启动 SleuthZipkinServer（Zipkin 服务器端项目）和 10.2 节定义的 EurekaServerForSleuth、EurekaServiceProviderForSleuth 和 EurekaServiceCallerForSleuth 三个项目，随后在浏览器中输入"http://localhost:8080/hello"，再来访问服务。

此时，由于我们设置了 100%的抽样率，因此在 EurekaServiceCallerForSleuth 项目的控制台中能看到相关的参数是 true，如图 10.7 所示。

```
2018-10-06 17:35:48.593  INFO [callHello,129126f0ca5846c0,a8f602b4b638e144,true] 6276 --- [nio-8080
```

图 10.7　设置 100%抽样率后相关参数始终是 true

我们再到 http://localhost:9411 页面，在输入查询条件后，单击"Find Traces"按钮，即可看到如图 10.8 所示的效果图。

图 10.8　在 Zipkin 界面中看到的服务调用效果图

如果再具体到某个实例，还能看到如图 10.9 所示的详细信息。

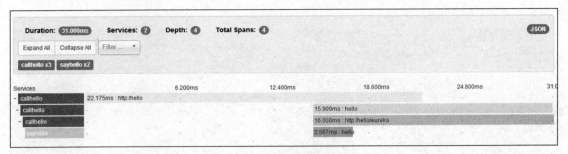

图 10.9　调用关系的详细信息

在其中，我们能看到某个调用步骤的耗时信息，如果调用出问题的话，我们还能看到问题出在哪个环节。

10.3.3　在 MySQL 中保存 Zipkin 数据

当项目在测试阶段时，我们可以如 10.3.2 小节那样，把抽样率设置成 100%，然后通过观察 Zipkin 数据来监控、分析或定位问题。

当一个项目上线并已经运行稳定时，出于节省资源的考虑，我们可以把抽样率设置得小一些，比如采用默认的 10% 比例。并且，我们也无须实时监控，所以可以通过如下步骤把 Zipkin 中的数据保存到 MySQL 数据库中，一旦有问题，就可以从 MySQL 中调取出抽样的监控数据来分析。

步骤01 在 MySQL 的数据库中创建一个名为 zipkin 的 Schema（即数据库），在其中，无须建表。

步骤02 在 SleuthZipkinServer 项目（Zipkin 服务端项目）的 pom.xml 中引入和数据库以及 JDBC 等关联的依赖包，关键代码如下。

```
1    <dependency>
2        <groupId>io.zipkin.java</groupId>
3        <artifactId>zipkin-autoconfigure-storage-mysql</artifactId>
4    </dependency>
5    <dependency>
6        <groupId>mysql</groupId>
7        <artifactId>mysql-connector-java</artifactId>
8    </dependency>
9    <dependency>
10       <groupId>org.springframework.boot</groupId>
11       <artifactId>spring-boot-starter-jdbc</artifactId>
12   </dependency>
```

通过第 1~4 行代码引入了 Zipkin 整合 MySQL 的依赖包，这样当我们第一次启动 Zipkin 服务器时，会从中读取到创建 MySQL 表的脚本。

通过第 5~8 行代码引入了 MySQL 的依赖包。如果不引入第 9~12 行的依赖包，那么在启动时，虽然可以读取到创建 Zipkin 表的脚本，但是无法建表，相应的，也就无法把 Zipkin 的相关数据写入 MySQL 表中了。

步骤03 在 SleuthZipkinServer 项目的 application.yml 文件中，编写 Zipkin 整合 MySQL 的相关参数，关键代码如下。

```
1   spring:
2     datasource:
3       schema: classpath:/mysql.sql
4       url: jdbc:mysql://localhost:3306/zipkin
5       username: root
6       password: 和你 MySQL 的密码一致
7       continueOnError: true
8       initialize: true
9     zipkin:
10      storage:
11        type: mysql
```

其中，在第 3 行中指定了相关建表和插入表的 SQL 语句，这些语句是包含在依赖包中的。在第 4~6 行中，我们指定了连接 MySQL 表的相关参数。在第 11 行代码中，我们指定了 Zipkin 的保存方式是 mysql。

完成上述修改后，启动 Zipkin 服务器，我们就能在 Zipkin 数据库中看到 zipkin_annotations 和 zipkin_spans 两张表。

再启动 EurekaServerForSleuth、EurekaServiceProviderForSleuth 和 EurekaServiceCallerForSleuth 三个项目，在浏览器中输入"http://localhost:8080/hello"，则能在刚才提到的两张表中看到数据，其中，zipkin_spans 表中的数据如图 10.10 所示。

trace_id	id	name	parent_id	debug	start_ts	duration
8286177693796	736791	hello	1586909945274	(Null)	8321369968000	57300
8286177693796	9945274	http:/he:	8604278958719	(Null)	8321369937000	97206
8286177693796	9945274	http:/he:	8604278958719	(Null)	8321360780000	1015000
8286177693796	9958719	hello	9286177693796	(Null)	8321359840000	1132942
8286177693796	7693796	http:/he:	(Null)	(Null)	8321358280000	1285587

图 10.10 zipkin_spans 表中的数据效果图

从图 10.10 中，我们能看到标识调用链路的 trace_id 以及调用时间等信息，由此我们能看到整个调用链路的情况。

而 zipkin_annotations 表的数据如图 10.11 所示，其中还包含服务名、调用端口等信息。

trace_id	span_id	a_key	a_value	a_type	a_timestamp	endpoint_ipv4	endpoint_port	endpoint_service_name
-5555779286177693796	1926318995816736791	lc	(BLOB)	6	538832136968000	-1062721023	1111	sayhello
-5555779286177693796	1926318995816736791	mvc.contr:	(BLOB)	6	538832136968000	-1062721023	1111	sayhello
-5555779286177693796	1926318995816736791	mvc.contr:	(BLOB)	6	538832136968000	-1062721023	1111	sayhello
-5555779286177693796	-6332861586909945274	sr	(Null)	-1	538832136937000	-1062721023	1111	sayhello
-5555779286177693796	-6332861586909945274	ss	(Null)	-1	538832137031000	-1062721023	1111	sayhello
-5555779286177693796	-6332861586909945274	cs	(Null)	-1	538832136078000	-1062721023	8080	callhello
-5555779286177693796	-6332861586909945274	cr	(Null)	-1	538832137093000	-1062721023	8080	callhello
-5555779286177693796	-6332861586909945274	http.host	(BLOB)	6	538832136078000	-1062721023	8080	callhello
-5555779286177693796	-6332861586909945274	http.meth:	(BLOB)	6	538832136078000	-1062721023	8080	callhello

图 10.11 zipkin_annotations 表中的数据效果图

10.3.4　如何根据 Zipkin 结果观察调用链路

根据 Sleuth 发来的日志信息，Zipkin 组件能计算出关于调用链路的明细信息，比如某个调用所耗费的时间。在 10.3.2 小节，这些信息是以图形化界面的形式展示的，而在 10.3.3 小节，是以数据记录的形式展示的。在这些结果里，我们能看到如下关键要素。

第一，Span 代表一次调用的过程，它的相关数据是保存在 zipkin_spans 表中的。每次当大家在浏览器中输入"http://localhost:8080/hello"时，都能在该表中看到如图 10.10 所示的结果。从中我们能看到，caller 调用 provider 即是一次调用，由此会产生一个 Span 记录。

每条 Span 记录都有它的 id 和 parend_id（父 id），从中能看出该次调用是由哪个调用触发的，而且同一条调用链路的请求会有不同的 spanid（即 zipkin_spans 表中的 id），但它们的 trace_id 是一样的，即通过 trace_id，我们能串联出一条调用链路上的调用记录。

第二，Trace 代表整个调用链路，用和本章相关的话来讲，Trace 表示整个链路的跟踪过程。一个 Trace 可以由多个 Span 组成，从图 10.9 中，我们能够看到同一个 Trace（即同一个调用链路）中不同 Span（即调用过程）的树形关系（即逻辑从属关系）。在 zipkin_spans 表中，我们能够根据不同 Span 的 id 和 parent_id 看出这些 Span 的逻辑从属关系。

第三，Annotation 代表一个事件，在如图 10.11 所示的 zipkin_annotations 表中，我们能够看到整个链路调用过程中的不同事件信息。

zipkin_annotations 表中的记录是由 http://localhost:8080/hello 请求触发而成的，其中，每条数据记录着具体链路（trace）具体调用（span）中的单个事件。

在 zipkin_annotations 表的 a_key 字段中，除了记录 mvc.controller.class 等和程序相关的事件之外，还记录了如表 10.1 所示的 Sleuth 中定义的 4 个事件。

表 10.1　Sleuth 中定义的 4 个事件归纳表

事件简写	英语含义	描述
cs	Client Send	当客户端发起一个请求时，就会触发该事件，也就是说，该事件代表着请求开始
sr	Server Received	表示服务端收到了请求 sr-cs 的时间差则代表当次请求的延迟情况
ss	Server Send	表示服务端处理好了这个请求，准备开始把处理结果返回给客户端 ss-sr 的时间差则代表当次服务的内部处理时间
cr	Client Received	表示客户端收到了这个请求，同时表示该次调用结束 cr-cs 的时间差则代表本次请求的总体用时

在每条 zipkin_annotations 记录中，我们不仅能通过 a_key 查看事件类型，而且可以通过 a_timestamp 查看该事件的时间戳。

从不同事件的时间差中，我们能看到一些问题的线索。比如同个 trace_id、同个 span_id 的 sr 和 cs 之间的时间差过长，则说明客户端和服务端之间的通信可能存在问题；又如，相同条件的 ss 和 sr 之间的时间差过长，则说明处理该次调用的业务可以优化（比如数据库调用等部分可以优化）。

而且，从每条记录的 endpoint_service_name 字段中，我们能看到当次调用的服务名，这对我们排查问题大有帮助。

10.4 本 章 小 结

在读完本章讲述的内容后，大家可以了解在微服务中监控系统健康情况的一般做法，而且，在此基础上，大家还可以掌握通过 Sleuth 整合 Zipkin 有效管理日志的一般方法。

在本章中，我们还引入了日志管理的相关组件，以此实现了图像化监控微服务系统的效果。在读完本章的内容后，大家可以掌握获取日志、从日志中抓取相关内容以及定位排查问题的常用技能，这对提升微服务系统的稳定性和可靠性大有帮助。

第11章

用 Spring Boot 开发 Web 案例

在之前的章节中，我们是通过 Spring Boot 提供 URL 格式的 Web 服务的，此外，Spring Boot 还可以支持包含 JSP 或 Spring MVC 等的 Web 项目。和传统的 Spring MVC 开发模式相比，Spring Boot 能大量减少 XML 配置信息，从而降低 Spring MVC 架构的开发难度。

此外，基于 Spring Boot 的 Web 项目能高效地整合 Spring Boot Security 等组件，所以开发出来的 Web 应用能比较便捷地实现安全方面的需求，比如身份验证和授权管理。

本章将结合 Spring Boot 开发 Web 项目的常用技能点给出若干案例，从中大家不仅能清晰地理解 Spring Boot 架构开发 Web 项目的常见做法，还能了解 Web 程序与 Eureka 和 Ribbon 等 Spring Cloud 常用组件的整合方式。

11.1 在 Spring Boot 中整合 JSP 及 MVC

本节将演示以 Spring Boot 整合 Web 开发的一般方式。本节包含的案例是基于 Maven 的，大家不仅可以了解通过 Maven 管理 Web 项目的方式，还可以了解项目的运行和部署方式。

本项目的关注点有两个：第一，如何在 Spring Cloud 中引入 JSP 以提供 Web 服务；第二，如何引入数据库组件。

代码位置	视频位置
代码\第 11 章\SpringCloudJspProj	视频\第 11 章\Spring Boot 中整合 JSP

11.1.1 以 Maven 的形式创建 Web 项目

之前我们是用 Maven 的形式创建基于 Java 的项目，如果要创建包含 JSP 的 Java Web 项目，步骤和之前的一致，在本项目附带的视频中，大家可以看到详细的操作方法。

当我们以 Maven 方式创建好 SpringCloudJspProj 项目之后，可以通过手动添加的方式创建如表 11.1 所示的若干目录，在其中存放具备各自功能的代码。

表 11.1　针对本项目诸多目录功能的说明列表

目录名	功能说明
src/main/java	在该目录中存放 application.yml 配置文件
src/main/java/com	在其中存放启动类
src/main/java/com/controller	在其中存放控制器类
src/main/java/com/model	在其中存放 User 这个 Model 类（模型业务类）
src/main/java/com/repository	在其中存放 JPA 的数据库访问类，相当于 DAO 层
src/main/java/com/service	在其中存放 Service 层
src/main/webapp	在其中存放 JSP 等 Web 格式的文件

通过表 11.1，我们能够看到，JSP 等 Web 相关的文件可以存放在 src/main/webapp 目录中。而在该项目中，我们是通过 JPA 的形式访问 MySQL 数据库的。通过该项目的 pom.xml 文件，我们可以引入 JSP 和 JPA 相关的依赖包，关键代码如下。

```
1  <parent>
2          <groupId>org.springframework.boot</groupId>
3          <artifactId>spring-boot-starter-parent</artifactId>
4          <version>1.5.4.RELEASE</version>
5      </parent>
6      <dependencies>
7          <dependency>
8              <groupId>org.springframework.boot</groupId>
9              <artifactId>spring-boot-starter-web</artifactId>
10         </dependency>
11         <dependency>
12             <groupId>org.apache.tomcat.embed</groupId>
13             <artifactId>tomcat-embed-jasper</artifactId>
14         </dependency>
15         <dependency>
16             <groupId>org.springframework.boot</groupId>
17             <artifactId>spring-boot-devtools</artifactId>
18             <optional>true</optional>
19         </dependency>
20         <dependency>
21              <groupId>org.springframework.boot</groupId>
22              <artifactId>spring-boot-starter-data-jpa</artifactId>
23         </dependency>
24         <dependency>
25             <groupId>mysql</groupId>
26             <artifactId>mysql-connector-java</artifactId>
27             <version>5.1.3</version>
28         </dependency>
29     </dependencies>
```

其中，很多依赖包之前我们都见过，比如通过第 7~9 行代码，我们引入了 Spring Boot 的依赖包；通过第 20~23 行代码，我们引入了 JPA 的依赖包；通过第 24~28 行代码，我们引入了 MySQL

的驱动包。

此外，由于在这个项目中需要开发 JSP 程序，因此我们通过第 11~19 行代码引入了支持内嵌 Tomcat 的依赖包和支持 JSP 开发的依赖包。

11.1.2　在 Spring Boot 中引入 JSP（基于 Maven）

通过上述步骤完成创建项目的目录以及编写 pom 文件之后，我们可以通过如下步骤开发一个简单的 JSP 运行案例。

步骤01 在 src/main/java 目录中新建 application.yml 文件，在其中编写如下代码。

```
1    server:
2      port: 8080
3    spring:
4      mvc:
5        view:
6          prefix: /
7          suffix: .jsp
```

通过第 2 行代码，我们指定了该项目运行在 8080 端口，这个和 tomcat 的默认运行端口一致。通过第 6 行和第 7 行代码，我们指定了在 Spring MVC 中资源所需要添加的前缀和后缀。

步骤02 在 src/main/java/com 目录中编写本项目的启动类 WebServerApp，代码如下。

```
1    //省略必要的package和import代码
2    @SpringBootApplication
3    public class WebServerApp extends SpringBootServletInitializer {
4        public static void main(String[] args) {
5            SpringApplication.run(WebServerApp.class, args);
6        }
7    }
```

这个类中规中矩，和之前的启动类没有太大差别，通过第 2 行代码指定基于 Spring Boot 的启动类。

步骤03 在 src/main/java/com/controller 的目录中添加一个名为 Controller 的控制器类，关键代码如下。

```
1    //省略必要的package和import代码
2    @RestController //通过注解指定本类是控制器类
3    public class Controller {
4        @RequestMapping(value = "/index")
5        public ModelAndView index() {
6            ModelAndView modelAndView = new ModelAndView("welcome");
7            modelAndView.addObject("loginName", "Peter");
8            return modelAndView;
9        }
10   }
```

在这个控制器类的第 4 行中，我们通过@RequestMapping 注解指定第 5 行的 index 方法可以处理/index 格式的请求。而在 index 方法的第 6~8 行代码中，我们通过 ModelAndView 对象指定该方法的返回方式。

具体而言，在第 6 行的构造函数中指定了该对象将要跳转到 welcome 页面，结合 application.yml 中指定了前缀和后缀，我们知道通过 index 方法可以跳转到/welcome.jsp 页面，再通过第 7 行的代码，我们使用 modelAndView 对象设置了 loginName 属性的值是 Peter。

步骤04 在 src/main/webapp 目录中新增名为 welcome.jsp 的文件，代码如下。

```
1   <%@ page language="java" contentType="text/html; charset=UTF-8" %>
2   <!DOCTYPE HTML PUBLIC "-//W3C//DTD HTML 4.0 Transitional//EN">
3   <html>
4   <head>
5   <meta http-equiv="Content-Type" content="text/html; charset=utf-8" />
6   <title></title>
7   </head>
8   <body>
9       Hello ${loginName}, This is Jsp Page.
10  </body>
11  </html>
```

关键代码在第 9 行，其中将以${loginName}的方式显示从控制器 Controller 类的 index 方法中传来的 loginName 参数。

按上述步骤完成开发后，启动 WebServerApp 类，并在浏览器中输入 "http://localhost:8080/index"，此时 Spring Boot 内部会发生如下动作。

第一，根据控制器类中的@RequestMapping 注解，该请求被 index 方法解析。

第二，根据 index 方法中定义的 ModelAndView 对象，以及在 application.yml 中定义的前缀和后缀，该请求会被携带着 loginName 等于 Peter 这个值定位到 welcome.jsp 页面上。

所以，我们能在浏览器中看到 welcome.jsp 页面，具体的输出效果如下。

```
1   Hello Peter, This is Jsp Page.
```

11.1.3　在 Spring Boot 中引入 MVC 架构和数据库服务

在上述案例中，我们走通了在 Spring Boot 中调用 JSP 页面的流程，在实际的项目中，一般还会引入 Spring MVC 和数据库服务。本小节将在 SpringCloudJspProj 项目中演示基于 Spring MVC 模式的案例，其中还将通过 JPA 来获得 MySQL 中的数据。

步骤01 在 src/main/java/model 类中编写和数据库对应表映射的 User 类，相关代码如下。

```
1   //省略必要的package 和 import 代码
2   @Entity
3   @Table(name="User")
4   public class User {
5       @Id
6       private String ID;
7       @Column(name = "Name")
8       private String name;
9       @Column(name = "Pwd")
10      private String pwd;
```

```
11        //省略必要的 setter 和 getter 方法
12    }
```

从第 2 行代码中，我们能看到该类将和 MySQL 中的 User 数据表相对应；通过第 5~10 行代码，我们能看到 User 类和 User 数据表中属性和列名的对应关系。

步骤02 在控制器 Controller 类中添加处理 login 登录请求的 login 方法，关键代码如下。

```
1   @Autowired //将自动引入 studentService
2   private UserService userService;
3       @RequestMapping(value = "/login",method=RequestMethod.POST)
4       public ModelAndView login(@RequestParam("userName") String userName,
    @RequestParam("userPwd") String userPwd) {
5           //身份验证
6           User user = userService.findByName(userName).get(0);
7           if(user !=null && user.getPwd().equals(userPwd) ){
8               ModelAndView modelAndView = new ModelAndView("welcome");
9               modelAndView.addObject("loginName", "userName");
10              return modelAndView;
11          }
12          else{
13              ModelAndView modelAndView = new ModelAndView("login");
14              return modelAndView;
15          }
16      }
```

从第 3 行中，我们能看到，定义在第 4 行的 login 方法可以处理 Post 形式的/login 请求，而在第 4 行的 login 方法参数定义中，我们能看到该方法是通过@RequestParam 注解的，接收到从前端 JSP 页面中传来的名为 userName 和 userPwd 的两个参数。

在这个 login 方法中，我们首先通过第 6 行代码，使用 usrerService 层的方法验证输入用户名和密码，如果能和数据库中的匹配上，就走第 8~10 行的流程，最终跳转到 welcome.jsp 页面上，否则就根据第 13 行和第 14 行的逻辑跳转回 login.jsp 页面上。

步骤03 在 application.yml 中定义连接 MySQL 部分的配置参数，相关代码如下。

```
1   spring:
2     jpa:
3       show-sql: true
4     datasource:
5       url: jdbc:mysql://localhost:3306/springboot
6       username: root
7       password: 123456
8       driver-class-name: com.mysql.jdbc.Driver
```

从中，我们能看到本项目通过 JPA 连接到 MySQL 的具体参数，比如连接 url、连接用户名和密码以及连接所用到的驱动程序。

步骤04 定义 Service 层和 Repository 层的代码。由于这两部分的代码在之前讲述 JPA 部分时已经分析过，所以这里不做过多的说明。

Service 层的 UserService.java 代码如下，在其中的 findByName 方法中调用 Repository 层的相

关代码，从数据表中根据 name 获得相关记录。

```
1   //省略必要的 package 和 import 代码
2   @Service
3   public class UserService {
4       @Autowired
5       private UserRepository  userRepository;
6       public List findByName(String name)    {
7           return userRepository.findByName(name);
8       }
9   }
```

而 UserRepository 类的代码如下，在其中的第 5 行中，通过 findByName 方法根据第 4 行定义的 SQL 语句从数据表中得到相关数据。

```
1   //省略必要的 package 和 import 代码
2   @Component
3   public interface UserRepository extends Repository<User, Long>{
4       @Query(value = "from User s where s.name=:name")
5       List<User> findByName(@Param("name") String name);
6   }
```

步骤05 编写包含登录效果的 login.jsp 页面，相关代码如下。

```
7   <%@ page language="java" contentType="text/html; charset=UTF-8" %>
8   <!DOCTYPE html PUBLIC "-//W3C//DTD HTML 4.01 Transitional//EN"
    "http://www.w3.org/TR/html4/loose.dtd">
9   <html>
10      <head>
11          <title>登录</title>
12      </head>
13      <body>
14          登录
15          <form method="post" action="/login" id="userInfo">
16              用户名：
17              <input name="userName" id="userName"/>
18              <br>
19              密码：  
20              <input name="userPwd" id="userPwd"/>
21              <br>
22              <input type=submit value="登录" />
23          </form>
24      </body>
25  </html>
```

在第 15 行定义的 form 中，不仅包含用户名和密码的输入框，还通过 form 中的 action 定义了一旦单击"登录"按钮，就发送出/login 请求。

完成上述开发后，通过 WebServerApp 启动该项目，并输入"http://localhost:8080/login.jsp"，能够看到如图 11.1 所示的登录页面。

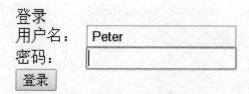

图 11.1　登录页面的效果图

在其中，如果我们输入和 User 表中相匹配的用户名和密码，并单击"登录"按钮，则会跳转到 Controller 类的 login 方法中，在其中，会根据 ModelAndView 的定义最终跳转到 welcome.jsp 页面上。如果输入的用户名和密码不匹配，就会回退到 login.jsp 页面。

通过上述案例，我们能看到以 Spring Boot 开发 Web 程序的一般步骤。和传统的 Spring MVC 相比，它们的差别主要有如下三点。

第一，Spring Boot 可以通过注解实现绝大多数的功能，而无须像传统的 Spring 那样编写较多的 XML 配置信息。

第二，由于 Spring Boot 中内嵌 Web 容器（比如 Tomcat），因此能通过项目的启动程序快速地启动并运行项目。

第三，以 Spring Boot 方式开发的项目能更好地整合 Spring Cloud 的组件，比如 Ribbon 等。

11.2　Spring Security 与 Spring Boot 的整合

Spring Security 是 Spring 家族提供的权限管理框架，通过它，我们可以实现 Spring Boot 微服务中的身份认证和授权两大服务功能。

身份认证（Authentication）可以验证用户身份的合法性。授权服务（Authorization）也叫访问控制，可以决定该用户开发哪些页面或服务。本项目的关注点在于如何通过 Spring Security 组件实现身份认证和授权服务。

11.2.1　身份验证的简单做法

某些页面，只有在输入正确的用户名和密码的情况下才能访问，否则不予开放，这是身份验证的一般做法。

代码位置	视频位置
代码\第 11 章\SpringBootSecurityProj	视频\第 11 章\身份验证案例

在 SpringBootSecurityProj 这个 Maven 项目中，我们将通过如下步骤演示 Spring Security 实现身份验证的一般做法。

步骤01　在 pom.xml 中放入 Spring Security 等的依赖包，关键代码如下。

```
1    <parent>
```

```
2              <groupId>org.springframework.boot</groupId>
3              <artifactId>spring-boot-starter-parent</artifactId>
4              <version>1.5.4.RELEASE</version>
5          </parent>
6          <dependencies>
7              <dependency>
8                  <groupId>org.springframework.boot</groupId>
9                  <artifactId>spring-boot-starter-web</artifactId>
10             </dependency>
11             <dependency>
12                 <groupId>org.apache.tomcat.embed</groupId>
13                 <artifactId>tomcat-embed-jasper</artifactId>
14             </dependency>
15             <dependency>
16                 <groupId>org.springframework.boot</groupId>
17                 <artifactId>spring-boot-devtools</artifactId>
18                 <optional>true</optional>
19             </dependency>
20             <dependency>
21                 <groupId>org.springframework.boot</groupId>
22                 <artifactId>spring-boot-starter-security</artifactId>
23         </dependency>
24         </dependencies>
```

在上述第 7~19 行代码中，我们引入了 Spring Boot 以及支持 JSP 的依赖包，而在第 20~23 行代码中，我们引入了 Spring Boot Security 的依赖包。

步骤02 在 application.yml 中编写针对本项目的配置信息，代码如下。

```
1    server:
2     port: 8080
3    spring:
4     mvc:
5      view:
6       prefix: /
7       suffix: .jsp
```

这部分代码和 11.1 节案例中的一致，也是指定该项目工作在 8080 端口，同样指定了针对 Web 页面的前缀和后缀。

步骤03 在 WebServerApp 类中编写启动逻辑，这和 SpringCloudJspProj 项目中的很相似，所以就不再详细说明了。

> **注 意**
>
> 在 form 中，用户名和密码的名字分别是 username 和 password，如下所示。如果这两个名字有所改变，就有可能影响身份验证的效果。
>
> ```
> 1    <form method="post" action="/login" id="userInfo">
> 2            用户名:   <input name="username" id="username"/>
> 3            <br> 密码:   
> 4            <input name="password" id="password"/>
> 5            <br><input type=submit value="登录" />
> 6         </form>
> ```

步骤04 在 SecurityConfig.java 中编写实现权限控制功能的相关逻辑，代码如下。

```
1    //省略必要的 package 和 import 代码
2    @Configuration
3    @EnableWebSecurity //启动 Web 安全管理，这里用到了授权的功能
4    public class SecurityConfig extends WebSecurityConfigurerAdapter {
5        @Override
6        protected void configure(HttpSecurity http) throws Exception {
7            http.authorizeRequests()
8            .antMatchers("/", "/otherPages/").permitAll()//定义无需认证的 url
9                .anyRequest().authenticated()
10               .and()
11           .formLogin().loginPage("/login")//定义需要认证时，跳转到的登录页面
12               .permitAll()
13               .and()
14           .logout()
15               .permitAll();
16           http.csrf().disable();
17       }
18   @Autowired
19       public void configureGlobal(AuthenticationManagerBuilder
         authentication) throws Exception {
20           authentication.inMemoryAuthentication()
21               .withUser("Admin").password("123456").roles("USER");
22       }
23   }
```

securityConfig 类需要如第 4 行那样继承 WebSecurityConfigurerAdapter 类，并如第 6 行那样重写 configure 方法。在 configure 方法中，主要通过第 7 行的代码定义需要和无须认证的 url 资源。

具体来讲，是通过第 8 行代码定义无须认证的 url 列表，这里的参数有两个值，分别是/和/otherPages/，也就是说，这两类 url 可以直接访问。而对于其他格式的 url，则需要首先通过如第 11 行指定的/login 页面认证才能访问。

而且，在第 19 行的 configureGlobal 方法中，我们定义了一个角色（role）是 USER 的用户，它的用户名和密码分别是 Admin 和 123456。

步骤05 编写控制器类 Controller.java，代码如下。

```
1    //省略必要的 package 和 import 代码
2    @RestController
3    public class Controller {
4        @RequestMapping("/")
5        public ModelAndView index() {
6                return new ModelAndView("index");
7            }
8            @RequestMapping("/login")
9        public ModelAndView login() {
10               return new ModelAndView("login");
11           }
12       @RequestMapping("/welcome")
13       public ModelAndView welcome() {
14               return new ModelAndView("welcome");
15           }
```

```
16  }
```

在这个类中，我们分别通过三个方法指定了三类 url 格式所对应的处理类，而在每个处理类中，则是通过 ModelAndView 对象指定返回的 JSP 页面。

最后，需要在 src/main/webapp 目录中定义三个 JSP 页面，分别对应"/"格式 url 的 index.jsp、对应"/login"的 login.jsp 和对应"welcome"的 welcome.jsp。这三个页面的功能比较简单，所以就不再给出详细的代码，大家可以在本书附带的代码中自行阅读。

通过 WebServerApp 类启动该项目后，我们能通过如下动作看到权限控制的效果。

第一，在浏览器中输入"http://localhost:8080/"，能够看到 index.jsp 页面的效果，这是因为我们在 SecurityConfig 类的 configure 方法中指定了"/"格式的 url 无须验证，所以直接按 Controller 类中的定义跳转到 index.jsp 页面。

第二，在浏览器中输入"http://localhost:8080/welcome"，虽然按在 Controller 中的定义应该能跳转到 welcome.jsp 页面，但由于"/welcome"格式的 url 不在"无须验证"的 url 列表中，因此会跳转到 login.jsp 页面。

在这个登录页面中，如果我们输入 Admin 作为用户名、123456 作为密码，就可以成功地跳转到 welcome 页面，否则由于无法通过验证，因此将跳回 login.jsp 页面。

11.2.2 进行动态身份验证的做法

在 11.2.1 小节，我们是在 SecurityConfig 类的 configureGlobal 方法中固定地设置了用户名和密码，但在实际的项目中一般不会这么做。本小节将修改上述案例，以实现动态身份验证的效果。

修改点 1：在 SecurityConfig 类中注释掉 configureGlobal 方法。

修改点 2：新建 com.service 这个 pacakge 包，并在其中创建一个名为 MyUserDetailsService 的类，关键代码如下。

```
1    //省略必要的 package 和 import 代码
2    @Component //以此注解说明本类是一个 Service
3    public class MyUserDetailsService implements UserDetailsService {
4        //实现 loadUserByUsername 方法
5        @Override
6        public UserDetails loadUserByUsername(String username) throws
         UsernameNotFoundException {
7            return new User(username, "myPassword",AuthorityUtils.
             commaSeparatedStringToAuthorityList("USER"));
8        }
9    }
```

这个类需要如第 3 行那样实现 UserDetailsService 接口，并如第 6 行所示重写（Override）该接口中的 loadUserByUsername 方法。在该方法的第 7 行，我们创建了一个 User 对象，它的前两个参数分别说明该 User 的用户名和密码，第 3 个参数表示该 User 的权限。

当我们输入 localhost:8080/welcome 后，会跳转到 login 登录窗口，在该窗口中输入用户名和密码，单击"登录"按钮后，会触发 loadUserByUsername 方法，而在登录窗口中输入的用户名则是该方法的参数。

在这里，不论用户名是什么，只要密码是"myPassword"，均能以 USER 的角色通过验证。事实上，这里我们还可以连接到数据库，根据输入的 username 到数据表中找对应的密码，只有当匹配上的时候才能通过验证，这部分的代码和身份验证无关，所以这里我们只给出简单的验证逻辑。

11.2.3　Spring Boot Security 身份验证的开发要点

在 11.2.1 小节和 11.2.2 小节，我们实现了身份验证的功能代码，其中用到了 Spring Boot Security 提供的注解和接口。下面我们来归纳开发要点。

要点一，需要像 SecurityConfig 类那样继承（extends）Spring Boot Security 提供的 WebSecurityConfigurerAdapter 类，并添加@EnableWebSecurity 注解。

要点二，实现 configure 方法，在其中指定无须和需要身份验证的页面，并可以指定需要验证时跳转的目标页面，比如这里是 login.jsp。

要点三，我们可以通过 configureGlobal 方法在内存中指定用户名密码和该用户的角色（Role），也可以像 MyUserDetailsService 类那样实现 Spring Boot Security 提供的 UserDetailsService 接口，并通过重写其中的 loadUserByUsername 方法验证从 login 页面传来的用户登录信息。

这里为了演示方便，我们直接在代码中指定了能通过验证的密码，在实际的项目中，我们也可以根据 username 到数据库中匹配该用户的登录信息。

要点四，loadUserByUsername 方法返回的是 Spring Boot Security 提供的 UserDetails 对象，在代码中，我们通过构造函数指定了该对象的用户名、密码和角色。该对象的内部代码如下，在实际的项目中，我们可以根据需求重写该类相关的方法来细化用户登录的相关逻辑。

```
1    //返回用户名和密码
2    String getUsername();
3    String getPassword();
4    //在该方法中可以写判断该用户是否是过期的逻辑
5    boolean isAccountNonExpired();
6    //在该方法中可以写判断该用户是否是被锁定的逻辑
7    boolean isAccountNonLocked();
8    //可以写判断用户的登录凭证(比如密码)是否是过期的逻辑
9    boolean isCredentialsNonExpired();
10   //可以写判断该用户是否是被禁用的逻辑
11   boolean isEnabled();
```

11.2.4　根据用户的角色分配不同的资源

Spring Boot Security 除了可以实现身份验证之外，还可以实现"角色授权"的功能，即根据不同用户的角色为之开放不同的 url 资源，在这部分的案例中，我们将实现这个效果。

代码位置	视频位置
代码\第 11 章\SpringBootAuthProj	视频\第 11 章\根据角色分配不同的资源

这个项目是在之前 SpringBootSecurityProj 的基础上改编而成的，具体包含如下修改点。

修改点 1：在设置授权配置的 SecurityConfig 类中增加一个授权相关的拦截器对象

securityInterceptor，并在 configure 配置方法中启用这个拦截器，关键代码如下。

```
1    //省略其他不相关的代码
2    public class SecurityConfig extends WebSecurityConfigurerAdapter {
3        //安全相关的拦截器，通过它可以实现权限管理
4        @Autowired
5          private SecurityInterceptor securityInterceptor;
6        @Override
7          protected void configure(HttpSecurity http) throws Exception {
8            http
9              .authorizeRequests()
10                .antMatchers("/", "/otherPages/").permitAll()
                    //定义无须认证的 url
11                .anyRequest().authenticated()
12                .and()
13              .formLogin()
14                .loginPage("/login")    //定义需要认证时，跳转到的登录页面
15                .permitAll()
16                .and()
17              .logout()
18                .permitAll();
19            http.csrf().disable();
20            http.addFilterBefore(securityInterceptor,
             FilterSecurityInterceptor.class);
21        }
22      //省略其他不相关的代码
23    }
```

Configure 方法的其他代码没变，在第 20 行中，我们添加了 securityInterceptor 拦截器，一旦跳转到需要身份验证的页面，比如 welcome，就会触发这个拦截器。

修改点 2：在 com.service 这个 package 中编写 SecurityInterceptor 拦截器的逻辑，相关代码如下。

```
1    //省略必要的 package 和 import 代码
2    @Service
3    public class SecurityInterceptor  extends AbstractSecurityInterceptor
     implements Filter{
4        @Autowired
5        private FilterInvocationSecurityMetadataSource
         securityMetadataSource;
6        @Autowired
7        public void setMyAccessDecisionManager(MyAccessDecisionManager
         myAccessDecisionManager) {
8            super.setAccessDecisionManager(myAccessDecisionManager);
9        }
10        @Override
11        public void doFilter(ServletRequest request, ServletResponse response,
         FilterChain chain) {
12            invoke(new FilterInvocation(request, response, chain));
13        }
14        public void invoke(FilterInvocation filterinvocation)  {
15            //调用之前拦截器中的动作
16            InterceptorStatusToken token = super.
```

```
16                  beforeInvocation(filterinvocation);
17          try {
18              //getChain 是以责任链的方式调用下一个拦截器中的动作
19       filterinvocation.getChain().doFilter(filterinvocation.getRequest(),
         filterinvocation.getResponse());
20          } catch (IOException e) {
21              e.printStackTrace();
22          } catch (ServletException e) {
23              e.printStackTrace();
24          } finally {
25              //调用之后拦截器的动作
26              super.afterInvocation(token, null);
27          }
28      }
29      //省略其他无关的代码
30  }
```

一旦触发该拦截器，就会自动调用第 11 行的 doFilter 方法。在该方法中，我们调用了第 14 行的 invoke 方法，在现有的拦截器链中新增一个"权限验证"相关的方法。

具体来说，在 invoke 方法的第 16 行中会自动调用 FilterInvocationSecurityMetadataSource 实现类（这里是 MySecurityMetadataSourceService）的 getAttributes 方法，以获取该方法参数 filterinvocation 所对应请求的相关权限，再用 AccessDecisionManager 实现类（这里是 MyAccessDecisionManager）的 decide 方法来判断访问包含在 filterinvocation 中的 url 用户是否有足够的权限。

注　意

上述提到的"自动调用"动作是由 Spring Boot Security 框架自动完成的。

修改点 3：编写管理权限相关信息的 FilterInvocationSecurityMetadataSource 接口的实现类 MySecurityMetadataSourceService。在该类中，我们模拟了从数据库中获取权限的步骤，并把权限和 url 的对应关系以 HashMap 的方式返回给 SecurityInterceptor 拦截器。

```
1   //省略必要的 package 和 import 代码
2   @Service
3   public class MySecurityMetadataSourceService  implements
4           FilterInvocationSecurityMetadataSource {
5   //键是 url，值是权限列表，通过该对象可以说明可以给每个 url 开放哪些权限
6   private HashMap<String, Collection<ConfigAttribute>> authMap;
7   //加载所有权限
8   public void loadAllPermission(){
9       authMap = new HashMap<String, Collection<ConfigAttribute>>();
10      List<MyPermission> permissionList = new ArrayList<MyPermission>();
11      //这里模拟从数据库中获取
12      permissionList.add(new MyPermission("admin","welcome.jsp"));
13      //省略其他加载权限的动作
14      for(MyPermission permission : permissionList) {
15       String url = permission.getUrl();
16       String permissionName = permission.getAuthName();
17          ConfigAttribute permissionConfig = new
            SecurityConfig(permissionName);
```

```
18          if(authMap.containsKey(url)){
19            authMap.get(url).add(permissionConfig);
20          }else{
21           List<ConfigAttribute> configList = new
             ArrayList<ConfigAttribute>();
22           configList.add(permissionConfig);
23           authMap.put(url,configList);
24          }
25        }
26    }
```

在第 8 行的 loadAllPermission 方法中，我们首先通过类似第 12 行的方法把权限相关的信息放入 permissionList 对象中，该对象是 List<MyPermission>类型的，而 MyPermission 则是我们自己定义的，其中包含权限名称（authName）和该权限能访问到的 url 信息。这里我们是直接赋予的，在实际项目中，还可以从数据库中动态地获取相关数据。

而在第 14 行的 for 循环中，我们通过遍历 permissionList 对象给 authMap 对象赋值。具体的做法是，如果该 HashMap 的 Key 中还没有 url 信息，就放入该 url 以及该 url 所对应的权限列表，如果已经有了，就取出该 url 所对应的权限列表，并在该权限列表的最后放入新的权限值。该方法执行后，我们能得到一个描述 url 和对应权限的 HashMap 类型的 authMap 对象。

```
27     @Override
28     public Collection<ConfigAttribute> getAttributes(Object object)
       throws IllegalArgumentException {
29        if(authMap ==null){
30         loadAllPermission();
31        }
32        HttpServletRequest request = ((FilterInvocation) object).
          getHttpRequest();
33        AntPathRequestMatcher matcher;
34        Iterator it=authMap.entrySet().iterator();
35        while(it.hasNext())
36        {
37          Map.Entry<String, Collection<ConfigAttribute>>
            entry=(Entry<String, Collection<ConfigAttribute>>) it.next();
38          matcher = new AntPathRequestMatcher(entry.getKey());
39           if(matcher.matches(request)) {
40              return authMap.get(entry.getKey());
41           }
42        }
43        return null;
44     }
45     //省略其他不相关的代码
46  }
```

在第 28 行 getAttributes 方法的入参 object 对象中包含请求对象 request，通过第 35 行的 while 循环，我们依次遍历 authMap 对象，并在第 39 行，通过 AntPathRequestMatcher 类型的 matcher 对象，从 authMap 中找到请求对象 request 中包含的 url 所对应的权限列表并返回。请注意，该方法返回的是 Collection<ConfigAttribute>类型的包含权限信息的对象。

修改点 4：编写用于匹配 url 以及对应用户权限的 AccessDecisionManager 接口的实现类 MyAccessDecisionManager，具体代码如下。

```
1    //省略必要的 package 和 import 代码
2    @Service
3    public class MyAccessDecisionManager implements AccessDecisionManager {
4        //判断该用户是否有权限访问指定的 url
5        @Override
6        public void decide(Authentication authentication, Object object,
         Collection<ConfigAttribute> configAttributes) throws
         AccessDeniedException, InsufficientAuthenticationException {
7            Iterator<ConfigAttribute> iter = configAttributes.iterator();
8            while( iter.hasNext() ) {
9             ConfigAttribute configAttribute = iter.next();
10               for(GrantedAuthority auth : authentication.getAuthorities()) {
11                   //对比由参数传入的用户是否有访问网页的权限
12   if(   auth.getAuthority().equals(configAttribute.getAttribute()) ) {
13                       //若匹配到权限,则退出,继续后继流程
14                       return;
15                   }
16               }
17           }
18           //如果都没匹配到
19           throw new AccessDeniedException("No enough Authority");
20       }
21       //省略其他不相关的代码
22   }
```

在分析之前的拦截器相关的代码时，我们就已经提到，Spring Boot Security 会在装载完权限列表后，通过调用 AccessDecisionManager 实现类（即该类）的 decide 方法来判断用户是否有访问 url 的权限。

在上述代码第 6 行的 decide 方法中，我们通过第 8 行的 while 循环和第 10 行的 for 循环依次对比包含在入参 authentication 中的用户权限和包含在入参 configAttributes 中的页面权限，以判断该用户是否有权限访问待请求的页面。

如果匹配上，就说明有权限访问，通过第 14 行的 return 代码返回，把控制权交还给拦截器，由拦截器继续调用后继流程；如果没匹配上，就说明没权限，通过第 19 行的 throw 方法抛出包含"No enough Authority"信息的异常。

修改点 5：在 MyUserDetailsService 类的 loadUserByUsername 方法中为 user 赋予一个 GrantedAuthority 类型的权限，关键代码如下。

```
1    @Override
2    public UserDetails loadUserByUsername(String username) throws
     UsernameNotFoundException {
3    List<GrantedAuthority> userAuthorities = new ArrayList
     <GrantedAuthority>();
4    GrantedAuthority grantedAuthority = new
     SimpleGrantedAuthority("admin");
5        userAuthorities.add(grantedAuthority);
6        User user = new User(username, "myPassword",userAuthorities);
7        return user;
8    }
```

这里关键是第 6 行创建 User 对象的代码，这里我们通过 userAuthorities 对象为登录的用户赋

予了 admin 的权限。

这里为了突出"授权"的主题,忽略了与数据库交互部分的代码,事实上,我们可以从数据库中得到该登录用户的所有权限,并如第 4 行和第 5 行那样,把所有的权限添加到 userAuthorities 对象中,并通过第 6 行的 User 构造函数,使用第 3 个参数传入该用户的所有权限。

至此,授权部分的代码开发完成。下面我们通过具体的页面访问流程来看上述代码的工作步骤。

流程 1:在浏览器中输入"localhost:8080/welcome",则会跳转到 login 登录页面,这部分的流程之前已经分析过。而且我们还知道,当输入任意用户名与 myPassword 密码后,会触发 MyUserDetailsService 类的 loadUserByUsername 方法。

流程 2:由于在 SecurityConfig 类的 configure 方法中通过 addFilterBefore 方法添加了拦截器,因此在登录请求被处理前,会辗转触发拦截器 securityInterceptor 类中的 invoke 方法。在该方法中,会触发 MySecurityMetadataSourceService 类的 getAttributes 方法。在这个方法中,首先会以 HashMap 的形式装载 url 和该 url 所对应的访问权限,并从中得到访问目标 url 所需要的权限列表。

流程 3:会触发 MyAccessDecisionManager 类的 decide 方法,在这个方法中,会用访问该 url 的用户所拥有的权限和访问目标 url 所需要的权限相匹配,如果匹配上(这里需要的权限都是 admin,所以能匹配上),最终的结果是该用户能访问 welcome 这个页面。

注 意

此处为了突出"权限管理"的主流程,用户信息、权限信息以及 url 和权限的对应关系都是在代码中固定赋予的,在实际项目中,这些信息均是存储在数据表中的,大家可以在获取相应信息的位置自行扩展出"从数据表中得到相关数据"的功能实现点。

11.3 在 Web 项目中整合 Eureka、Ribbon 等组件

在单机版的 Spring MVC 项目中,前端页面(比如 JSP 页面)发出的请求经控制器(Controller)转发后,会通过调用本地的 Service 层中的方法得到结果并展示在前端页面中。此外,在实际项目中,我们还可以整合 Web 项目与 Eureka 和 Ribbon 实现负载均衡的效果。

本项目的关注点在于如何实现前后端服务的分离。具体而言,第一,如何把提供相同服务的不同模块以负载均衡的方式注册到 Eureka 服务器上;第二,如何在前端 JSP 页面中调用注册在 Eureka 的服务;第三,在项目中综合使用 JPA、Feign 和 Hystrix 组件的方法。

11.3.1 本案例的框架与包含的项目说明

在这个案例中,我们将演示如下效果。

- 用户可以在前端登录页面输入用户名和密码,进行登录操作。
- 用户输入的登录信息将会使用用户管理模块进行验证,如果正确,就能进行后继操作。

- 通过验证后，前端页面会请求账户管理模块的方法，获取该用户的账户余额，并在欢迎页面演示。

该案例的框架如图 11.2 所示。

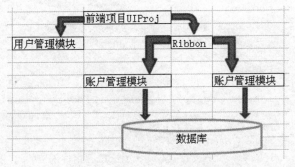

图 11.2　综合案例的框架说明图

在表 11.2 中，我们能看到这个案例中包含的项目列表，以及针对每个项目功能的说明。

表 11.2　案例中包含的项目功能说明表

项目名	功能说明
UIProj	包含前端页面，本身也作为 Eureka 客户端向 Eureka 服务器注册，以获取其他模块的服务 该项目整合了 Hystrix、Ribbon 和 Feign 等组件
EurekaServerForMoreFunc	Eureka 服务器，诸多提供服务功能的 Eureka 客户端均向该服务器注册
UserServiceProj	提供用户身份验证功能的项目，本身是 Eureka 客户端，向 Eureka 服务器注册
AccountServiceProjRibbon1	提供账户查询功能的项目，以 Ribbon 形式实现负载均衡，本身也是 Eureka 客户端。
AccountServiceProjRibbon2	在这两个项目中，均通过 JPA 连接 MySQL 数据库

11.3.2　开发 Eureka 服务器模块

在 EurekaServerForMoreFunc 项目中，我们实现了 Eureka 服务器的功能。

由于我们在之前的项目中多次讲述过 Eureka 服务器的代码和功能，而且该服务器项目的代码和之前的非常相似，因此这里就不再给出代码和说明了，请大家自行阅读本书附带代码中的相关部分。不过请注意，该 Eureka 服务器同样是工作在 8888 端口上的。

11.3.3　开发前端 Web 项目

在 UIProj 这个 Maven 项目中，我们实现了前端相关的功能代码，其中主要包含如下文件。

第一，在 pom.xml 文件中，我们引入了 JSP、Ribbon、Eureka、Feign 和 Hystrix 等组件的依赖包，关键代码如下。

```
1   <dependencies>
2       <dependency>  <!--Spring Boot 依赖包 -->
3           <groupId>org.springframework.boot</groupId>
4           <artifactId>spring-boot-starter-web</artifactId>
5           <version>1.5.4.RELEASE</version>
6       </dependency>
7       <dependency>  <!--支持 Tomcat 的依赖包 -->
8           <groupId>org.apache.tomcat.embed</groupId>
9           <artifactId>tomcat-embed-jasper</artifactId>
10      </dependency>
11      <dependency>  <!--支持热部署的依赖包 -->
12          <groupId>org.springframework.boot</groupId>
13          <artifactId>spring-boot-devtools</artifactId>
14          <optional>true</optional>
15      </dependency>
16      <dependency>  <!--支持负载均衡 Ribbon 组件的依赖包 -->
17          <groupId>org.springframework.cloud</groupId>
18          <artifactId>spring-cloud-starter-ribbon</artifactId>
19      </dependency>
20      <dependency>  <!--支持 Eureka 组件的依赖包 -->
21          <groupId>org.springframework.cloud</groupId>
22          <artifactId>spring-cloud-starter-eureka</artifactId>
23      </dependency>
24      <dependency>  <!--支持 Feign 组件的依赖包 -->
25          <groupId>org.springframework.cloud</groupId>
26          <artifactId>spring-cloud-starter-feign</artifactId>
27      </dependency>
28      <dependency>  <!--支持 Hystrix 组件的依赖包 -->
29          <groupId>org.springframework.cloud</groupId>
30          <artifactId>spring-cloud-starter-hystrix</artifactId>
31      </dependency>
32  </dependencies>
```

第二，在 WebServerApp 类中实现了启动类的项目，相关代码如下，其中第 2~5 行加入了支持多个组件的注解。这样，在本项目的 Controller 和 Service 等类中就能用到 Feign 和 Hystrix 等组件了。

```
1   //省略必要的 package 和 import 代码
2   @EnableFeignClients              //支持 Feign 客户端
3   @EnableDiscoveryClient           //能调用其他 Eureka 客户端里的方法
4   @SpringBootApplication           //能以 Spring Boot 的方式启动
5   @EnableCircuitBreaker            //引入 Hystrix 效果
6   public class WebServerApp extends SpringBootServletInitializer {
7       //启动类
8       public static void main(String[] args) {
9           SpringApplication.run(WebServerApp.class, args);
10      }
11  }
```

第三，在 login.jsp 这个前端页面中实现了登录效果，该文件在 src/main/webapp 目录中，相关代码如下。

```
1   <%@ page language="java" contentType="text/html; charset=UTF-8" %>
2   <!DOCTYPE html PUBLIC "-//W3C//DTD HTML 4.01 Transitional//EN"
```

```
                 "http://www.w3.org/TR/html4/loose.dtd">
3    <html>
4      <head>
5        <title>登录</title>
6      </head>
7      <body>
8          登录
9        <form method="post" action="/login" id="userInfo">
10         用户名:
11         <input name="username" id="username"/><br>
12         密码:   
13          <input name="password" id="password"/><br>
14          <input type=submit value="登录" />
15       </form>
16      </body>
17   </html>
```

当用户输入用户名和密码后，单击"登录"按钮，能如第 9 行 form 中的定义，以 post 的形式发出/login 的请求，该请求会被该项目中的控制器（Controller）类接收并处理。

第四，在 Controller 控制器类中，接收并处理请求，相关代码如下。

```
1    //省略必要的 package 和 import 代码
2    @RestController
3    @Configuration
4    public class Controller {
5        @Autowired  //通过 Autowired 引入 userService 对象
6        UserService userService;
7        //以 Post 的形式接收/login 的请求，login.jsp 的请求会被该方法处理
8        @RequestMapping(value = "/login",method=RequestMethod.POST)
9        public ModelAndView login(@RequestParam("username") String
          username,@RequestParam("password") String password) {
10           //身份验证
11           boolean flag = userService.validateUser(username, password);
12           if(flag) //若通过验证，则跳转到 welcome 页面
13           {
14               ModelAndView modelAndView = new ModelAndView("welcome");
15               modelAndView.addObject("username", username);
16               String balance = userService.getAccountByName(username);
17               modelAndView.addObject("balance", balance);
18               return modelAndView;
19           }
20           else{ //若没通过验证，则回到 login.jsp 页面
21               ModelAndView modelAndView = new ModelAndView("login");
22               return modelAndView;
23           }
24       }
25     //省略 get 和 set 方法
26   }
```

第 9 行的 login 方法能接收并处理前端 login.jsp 发来的用户名和密码，并能通过第 11 行中 userService 类的 validateUser 方法进行身份验证。

如果通过身份验证，就会进入第 13~19 行的 if 分支，再通过第 16 行的代码查询该用户的账户余额，随后跳转到 welcome 页面。如果没通过，就会如第 21 行和第 22 行所示，回退到登录页面。

第五，在 UserService 类中定义"身份验证"和"余额查询"两个业务逻辑，相关代码如下。

```
1    //省略必要的 package 和 import 代码
2    @Service
3    @Configuration
4    public class UserService {
5        @Autowired //Feign 类
6        private FeignClientTool tool;
7        //通过 RestTemplate 对象能调用其他微服务模块中的服务
8        @Bean
9            @LoadBalanced
10       public RestTemplate getRestTemplate()
11       {   return new RestTemplate();  }
12       //身份验证方法
13       public boolean validateUser(String username,String password){
14           //调用服务
15           Return getRestTemplate().getForObject("http://loginService/
             validateUser/"+username+"/"+password, Boolean.class);
16       }
17       //通过 Feign 客户端方法调用账户信息
18       public String getAccountByName(String name){
19           return tool.getAccountByName(name);
20       }
21   }
```

这个类的两个方法分别通过不同的方式来调用服务。在第 13 行的 validateUser 方法中，我们是在第 15 行中通过 RestTemplate 对象，以发送 http 请求的方式实现身份验证的动作。而在第 18 行的 getAccountByName 方法中，我们是通过 Feign 端的 tool 类实现获取参数 name 的账户信息。

通过对比，我们能看到 Feign 组件封装 http 请求的效果。在如下 Feign 的客户端类中，我们不能看到 getAccountByName 方法实际的请求 url 和请求方式，还能看到在其中引入了 Hystrix 组件，以实现"服务失效回退"的效果。

```
22   @FeignClient(value = "AccountService",
     fallback=FeignClientFallback.class)
23   //在这个接口中，通过 Feign 封装客户端的调用细节
24   interface FeignClientTool{
25       @RequestMapping(method = RequestMethod.GET, value =
         "/getAccount/{name}")
26       String getAccountByName(@PathVariable("name") String name);
27   }
28   @Component
29   class FeignClientFallback implements FeignClientTool{
30       public String getAccountByName(String name){
31           return "In Fallback Function.";
32       }
33   }
```

在第 22 行的注解中，我们能看到第 24 行定义的 FeignClientTool 接口实际是向 AccountService 服务发起请求的，一旦服务失效，就会通过第 29 行定义的 FeignClientFallback 类中的 getAccountByName 方法进行"失效回退"动作。而且，通过第 25 行的注解，我们能看到第 26 行的 getAccountByName 方法是以 Get 的方式请求 AccountService 中的 getAccount 服务的。

也就是说，在 FeignClientTool 接口中，我们确实能看到以 Feign 的方式封装调用请求的动作。正是如此，所以在第 18 行的 getAccountByName 方法中，我们可以便捷地通过 Feign 对象请求 AccountService 模块的服务。

这里，我们还看到了 User 这个 Model 类，它的定义如下。

```
1    //省略 Package 和 import 的代码
2    public class User {
3        private String ID; //ID
4        private String name; //用户名
5        private String pwd;  //密码
6            //省略对应的 set 和 get 方法
7        }
```

第六，在 application.yml 中定义这个项目中需要用到的配置信息，相关代码如下。

```
1    server:
2      port: 8080
3    spring:
4      application:
5        name: WebDemo
6      mvc:
7        view:
8          prefix: /
9          suffix: .jsp
10   eureka:
11     client:
12       serviceUrl:
13         defaultZone: http://localhost:8888/eureka/
14   fcign:
15     hystrix:
16       enabled: true
```

从第 2 行中，我们能看到该前端 Web 程序是运行在 8080 端口的。从第 8 行和第 9 行的代码中，我们能看到本项目中发送请求的前缀和后缀。通过第 10~13 行代码，我们能看到该项目是注册到 localhost:8888/eureka 这个 Eureka 服务器上的，正因如此，该项目才能调用其他 Eureka 客户端的服务。从第 14~16 行的代码中，我们能看到在 Feign 中开启了 Hystrix 服务。

11.3.4　开发提供用户验证的项目

在 UserServiceProj 这个 Maven 项目中，我们实现了身份验证的相关功能，具体的代码如下。

第一，在 UserServerApp.java 中编写启动类，代码如下。通过第 3 行的注解，我们知道该项目是 Eureka 的客户端。

```
1    //省略 package 和 import 代码
2    @SpringBootApplication
3    @EnableEurekaClient
4    public class UserServerApp{
5      public static void main( String[] args ){
6        SpringApplication.run(UserServerApp.class, args);
7        }
```

```
8     }
```

第二，在 Controller 类中实现控制器类的代码。

```
1     //省略必要的 package 和 import 代码
2     @RestController //通过注解说明该类是控制器类
3     public class Controller {
4         @RequestMapping(value = "/validateUser/{username}/{password}",
          method = RequestMethod.GET )
5         public boolean validateUser(@PathVariable("username") String
          username,@PathVariable("password") String password) {
6             if("SpringCloud".equals(username) && "Demo".equals(password)){
7                 return true;
8             }
9             else{
10                return false;
11            }
12        }
13    }
```

第 5 行的 validateUser 方法能处理如第 4 行注解所定义的/validateUser/{username}/{password}
请求。在这个方法中，我们并没有请求数据库，只要当用户名和密码满足指定的字符串，即可通过
身份验证。

第三，在 application.yml 中定义本项目相关的配置，代码如下。

```
1     server:
2       port: 1111
3     spring:
4       application:
5         name: loginService
6     eureka:
7       client:
8         serviceUrl:
9           defaultZone: http://localhost:8888/eureka/
```

第 2 行的代码指定了该项目的运行端口是 1111；第 5 行的代码指定了该项目的名字；通过第
6~9 行代码，我们指定了该项目同样是注册到 localhost:8888/eureka 这个 Eureka 服务器上。

11.3.5　开发提供账户查询功能的项目（含负载均衡）

在 AccountServiceProjRibbon1 和 AccountServiceProjRibbon2 两个项目中，我们编写了相同的
账户查询功能的代码，只不过它们分别运行在 2222 和 2233 端口上，以实现负载均衡的效果。这两
个类的代码非常相似，都包含如下类和配置文件。

第一，ServiceProviderApp 是本项目的启动类，相关代码如下。从第 3 行的注解代码中，我们
能看到该项目是 Eureka 的客户端，它也会注册到 Eureka 服务上。

```
1     //省略必要的 package 和 import 代码
2     @SpringBootApplication
3     @EnableEurekaClient
4     public class ServiceProviderApp {
```

```
5      public static void main( String[] args ){
6       SpringApplication.run(ServiceProviderApp.class, args);
7      }
8    }
```

第二，在 Controller.java 中编写控制器相关的代码，在其中提供了根据用户名查询余额的方法。

```
1    @RestController
2    public class Controller {
3          @Autowired  //通过 Autowired 注解引入 accountService 类
4        AccountService accountService;
5        //根据 username 查询账户信息
6        @RequestMapping(value = "/getAccount/{username}", method =
         RequestMethod.GET  )
7        public String getAccount(@PathVariable("username") String username) {
8        //该项目运行在 2222 端口，而 AccountServiceProjRibbon2 项目运行在 2233 端口
9          System.out.println("Working in 2222 Port.");
10         if(accountService.getBalanceByName(username) != null){
11         //调用 accountService 的方法查询余额
12             return accountService.getBalanceByName(username).
             getBalance() ;
13         }
14         else{
15             return "Not Found" ;
16         }
17      }
18   }
```

根据第 6 行注解中的定义，第 7~17 行的 getAccount 方法可以处理/getAccount/{username}格式的请求。在 getAccount 方法的代码中（见第 12 行），调用了 accountService 类的 getBalanceByName 方法，查询该用户的余额并返回。

第三，在 UserService 类的 getBalanceByName 方法中，调用基于 JPA 的 AccountRepository 类的 findByName 方法，从数据库中查询用户的账户信息，相关代码如下。

```
1    @Service
2    public class AccountService {
3        @Autowired //基于 JPA 的 Repository 类
4        private AccountRepository  accountRepository;
5        public Account getBalanceByName(String name){
6            //通过 accountRepository 类的方法查询数据库信息
7            return accountRepository.findByName(name);
8        }
9    }
```

第四，在 AccountRepository 类中，通过 JPA 的方式从 Account 表中查询余额信息，相关代码如下。

```
1    @Component
2    public interface AccountRepository extends Repository<Account, Long>{
3        @Query(value = "from Account s where s.name=:name")
4        Account findByName(@Param("name") String name);
5    }
```

通过第 3 行的注解，我们指定了第 4 行 findByName 方法对应的 SQL 语句。也就是说，通过

这个方法，我们能从 Account 表中查询参数 name 所对应的 Account 信息，其中包含余额信息。

而 Account 类是 JPA 中和数据表对应的 Model 类，相关代码如下。

```
1    //省略必要的 package 和 import 代码
2    @Entity
3    @Table(name="Account")  //指定该类和 Account 数据表相对应
4    public class Account {
5        @Id  //通过@Id 说明 name 字段是主键
6            @Column(name = "name")  //通过@Column 注解指定和数据表中对应的字段
7        private String name;
8        @Column(name = "balance")
9        private String balance;
10           //省略针对字段的 get 和 set 方法
11   }
```

从第 2 行和第 3 行的代码中，我们能看到该类是和 Account 数据表相对应的；通过第 6 行和第 8 行的@Column 注解，我们能看到 Account 类中的 name 和 balance 属性与 Account 表中的同名字段相关联；通过第 5 行的@Id 注解，我们能看到 name 字段是 Accout 表中的主键。

第五，在 application.yml 中指定这个项目所需要的配置信息，相关代码如下。

```
1    server:
2      port: 2222
3    spring:
4      application:
5        name: AccountService
6      jpa:
7        show-sql: true
8      datasource:
9        url: jdbc:mysql://localhost:3306/springboot
10       username: root
11       password: 123456
12       driver-class-name: com.mysql.jdbc.Driver
13   eureka:
14     client:
15       serviceUrl:
16         defaultZone: http://localhost:8888/eureka/
```

在第 2 行中，我们定义了 AccountServiceProjRibbon1 项目运行在 2222 端口，需要注意的是，AccountServiceProjRibbon2 运行在 2233 端口。通过第 8~12 行代码，我们指定了 JPA 连接 MySQL 数据表的配置信息。通过第 13~16 行代码，我们把这个提供账户查询功能的 Eureka 客户端注册到 Eureka 服务器上。

在 AccountServiceProjRibbon1 和 AccountServiceProjRibbon2 两个项目中，application.yml 文件第 5 行指定的 spring.application.name 都是 AccountService。所以在 UIProj 项目中，我们通过 Feign 调用 AccountService 服务时，Ribbon 组件会把请求以负载均衡的方式均摊到这两个项目上。

11.4　本 章 小 结

　　本章给出了三个案例，在第一个案例中，大家能看到 Spring Boot 整合 Web 页面的常见做法；在第二个案例中，大家不仅能看到微服务系统中的各种安全需求，还能看到针对这些安全需求的具体实现方式；第三个案例整合了诸多组件，比如通过 Ribbon 实现负载均衡、通过 Feign 封装客户端调用的方法、通过 Hystrix 实现"服务失效跳转"的效果，最终诸多案例都是注册到 Eureka 服务器上。